立貼拼出大創意

全球三億人肯定！世界級電玩職人的獨門創意整理術

コンセプトのつくりかた

Wii原企画開発者—玉樹真一郎｜著　連宜萍｜譯

目錄

第二部　向上成長——產生概念的具體程序

第三部　向前邁進——如何應用概念？

作者序

從「概念」這兩個字，你會想到什麼？

是廣告業或顧問公司賣弄的難解道理？還是創作需要的創意或發想？

都不對。任何人做任何事、或從事創作時，最先出現的想法就是「概念」。

只要有紙、筆、便利貼、一張大桌子，

再加上可以一起思考的「夥伴」，任何人都可以創造概念。

就算沒有設計師也能產生概念，只要有了概念自然就會決定「該做什麼樣的設計」、「該為誰創作」、「該如何執行」。

只要有好的概念，創作者、銷售者、消費者，可以讓所有人幸福快樂。

一旦有了新的價值，世界會在一夜之間變得美好。

概念可以幫助很多人，包括創業者、創作者、預算有限卻不知道怎麼做的地方政府、NPO負責人，或正在籌備校慶、社團活動的大學生等。

無論是找工作還是談戀愛，如果能善用概念就會更順利。

不擅長創意工作的人也不必擔心。

尋找「概念」的過程就像小學生上課一樣簡單而有趣。

世界需要什麼？
要向大家傳達的是什麼？
能讓你幸福的是什麼？
透過此書，讓我們一起探索答案吧。
閱讀後，相信你會找到改變的自信和勇氣。
歡迎來到「概念」的世界！
一起享受這個讓人眼花撩亂的「冒險之旅」吧！
就從這裡出發！

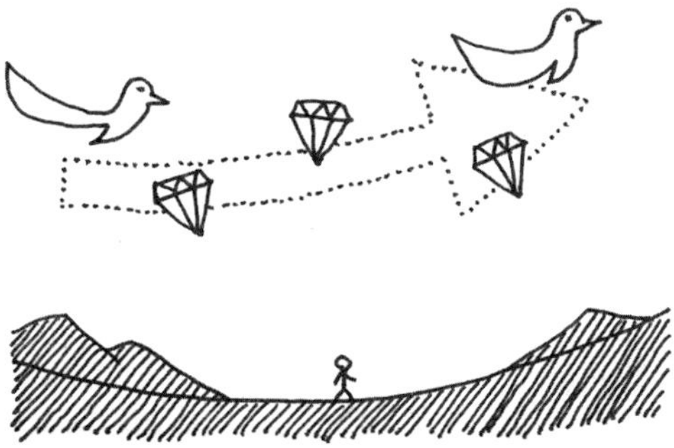

前言

二〇〇六年推出，截至二〇一二年三月為止，全世界銷售量超過九五〇〇萬台，公司股票市價總額飆漲兩倍達到十兆日圓（二〇〇七年九月資料），一夜之間刷新遊戲機世界紀錄的超人氣商品是什麼？

沒錯，就是Wii。

很多人都曾經和家人、朋友一起玩過Wii的遊戲吧！我曾在任天堂公司參與Wii的企畫和開發，現在回到青森縣八戶市從事與地方企業、個人企業、地方政府、教育機關、非營利組織等相關的工作。

在任天堂，我真的學到很多。在公司任職最後一天我所說的話——「即使離開任天堂，我也永遠是任天堂的粉絲」——當時說這番話的情感至今仍深深留在我心裡。

尤其是Wii成功問世的創作經驗**大大左右了我的人生**。「左右人生」的說法也許有些古板，但卻是事實。那麼為什麼我要離開任天堂呢？簡單來說就是：

在任天堂學到「概念」以後，讓我不得不開始思考自己的「人生概念」，於是只能選擇離開。

這是一本關於「概念」的書。

不是揭人隱私，更不是只能提供遊戲業者參考的書，而是一本「概念」書，匯整我執行Wii企畫開發時的感受和經驗。「究竟Wii是如何思考出來的？」我們可以從這個出發點來讀這本書，但那只是一個機緣，「概念」有更大的意義。

無論是開發Wii，或任何人開始任何事之前，都要套用「概念」的思維。

什麼樣的人需要「概念」呢？

舉例來說：想創造嶄新商品或規劃新商業服務的人、想成立新公司的人、想拓展新事業或籌備活動的人、想擬定組織戰略、決定未來方向的人、或在上司突然丟來一句「有沒有什麼新點子？」時，會不知所措的人。同時，不只是營利企業，也包括ＮＰＯ等非營利組織的活動，例如籌辦校慶或社團活動、振興地方文化經濟、主辦團體聚餐、求職等都需要「概念」。

「概念」是所有事物的起源。是從無到有，是所有人在創造新事物最初就必須知道的事。

在任天堂從事創作工作時所學到的，不僅僅是企劃一個好玩的遊戲，也並非只是企劃一個暢銷、帥氣的商品和服務的方法而已，那其實與內心深層的事物相關，包括煩惱、痛苦、挫折、開心、歡喜、成長，就像一場驚人的探險。

在探險旅途的彼方究竟有什麼？

是為了全世界、為所有人創作「幸福」，為所有人創作正面的新事物。

「任天堂創造了遊戲機市場，並不斷推出暢銷大作，其中一定有公司內部才知道的，就像魔法一樣的秘密。」在進入任天堂以前，我也抱持著同樣的想法。但現在我明白了，事情沒那麼簡單。瞭解後馬上就能應用的睿智並不存在，吃一口就能看清所有問題和答案的智慧果實也不存在。

任天堂的工作經驗讓我明白，創作是非常嚴酷的，不是一知半解就能去著手進行的；那是持續地尋找未知的事物，一種快被榨乾的感覺。

本書是記錄一趟未知旅程的探險之書，解開「概念」的謎底，就是我們要抵達的終點。從概念工作的第一步出發，直到終點，我們會一步步告訴各位所有細節。

本書分為以下三個部分：

・向下探索：定義概念、準備創作

・向上成長：概念的產生方法
・向前邁進：如何善用概念

讓我們開始這個改變世界的概念之旅吧！
讓我們一起尋找新的幸福快樂。

玉樹真一郎

第一部

向下探索——什麼是概念？

01 從迷霧裡出發——概念與創作

在「向下探索」的各個章節裡，將依序總結我在任天堂學到的「概念」實貌。就像下樓梯一樣，一步步向下探索概念並了解它的真實。我的意見不代表創意工作的唯一正解，請作為答案之一來參考。

讓我們一起開始「概念」的探索之旅吧！

出發前，先問各位一個問題。

Q：你為什麼閱讀這本書？

大多數人應該都會回答「想要訂定好的概念」吧！或是更具體的理由：「想創

造暢銷的產品」、「想做出讓大家驚喜的有趣商品」、「無論如何都要讓公司交辦的企畫案成功」等。不管理由是什麼，每個人的共同目標都是創造出「好東西」。

概念 → 「好東西」

大家一定都是這樣想的吧！有概念才有可能創造出好東西，這是非常自然的想法。

為了創造「好東西」衍生出的活動，就稱為「創作」。「好東西」泛指生產活動產出的一切，包括摸得到、看得見的有形商品或作品，以及摸不到、看不見的無形服務和事業規劃。

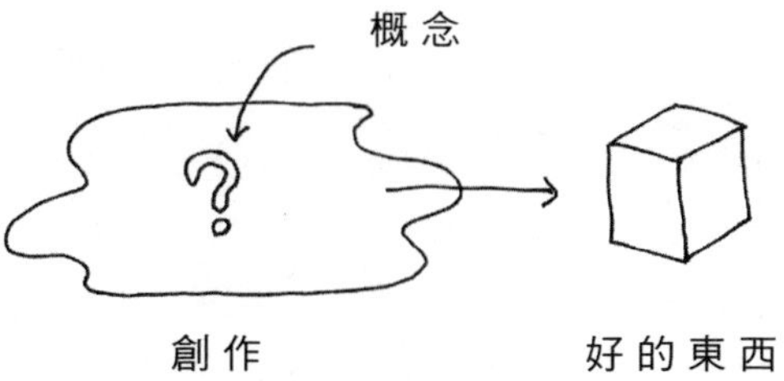

產出「好的東西」

01

何謂概念

何謂概念：概念就在「創作」裡

概念就在創作活動裡，只要了解「創作」的結構，就能明確掌握概念的樣貌。

要了解概念的真相，得先撥開包圍在「創作」周圍的層層迷霧。

這場概念的探險之旅，就從籠罩著概念，名為「創作」的迷霧之中出發吧！

02 勇者的登場——概念中的概念

前一章說明了「概念」就在「創作」之中的某個地方。我們從這裡繼續往下探索。再問各位一個問題：

Q：為什麼你想創造出「好東西」？

這個太過於理所當然的問題，反而讓人覺得很難回答吧？但經過一番思考後，所有概念的共通點，也就是最重要的「概念中的概念」就會浮現。

如果你成功地創造出好東西，世界將會有什麼改變？你自己又會有什麼改變？

1．你想為世界創造出「好東西」
2．世界將會產生「好的變化」
3．你會從全世界得到「好的報酬」
4．最終將會對你產生「好的變化」

當你舉起手就感覺微風吹拂、感覺到空氣的存在、對著山谷大喊就會有回聲。這世上發生的所有事情，都是你與世界之間的互動。

你追求的東西 → 對你產生好變化所需的條件 →
讓世界產生好的變化

也就是說，你希望自己有任何好的變化之前，**必須先改變世界**。

將主詞「你」改成「你的公司」，邏輯也不會改變。你的公司將好產品和服務提供給全世界，為世界帶來好的變化，結果還是你的公司獲利。因此，必要條件只有一個，那就是「**讓世界產生好的變化**」。簡單地說就是「讓世界變得更美好」。

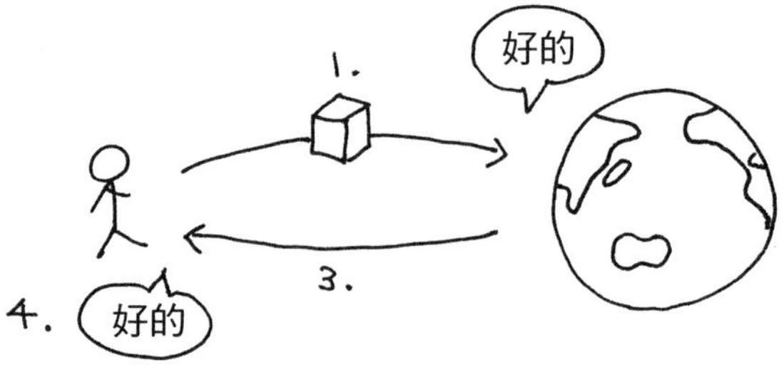

這才是你最終必須滿足的，概念的最大要件——這就是「概念中的概念」。

在日本人氣遊戲《勇者鬥惡龍》故事中，在長途跋涉的盡頭，最終大魔頭——龍王——會對成功來到城堡的勇者說這一番話：

「勇者，歡迎來到我的城堡！我是王中之王——龍王。我等待像你這樣年輕的勇者出現，已經很久了……如果你願意加入我的隊伍，就給你一半的世界。怎麼樣？打算加入我的隊伍嗎？」

這段對白之後會出現「是」和「否」兩個按鈕。能得到一半的天下，多麼誘人的條件！如果是你，會怎麼回答呢？

但重點在於，在《勇者鬥惡龍》裡，打倒龍王是遊戲主角的使命。也就是說，這是一個動搖《勇者鬥惡龍》概念的終極問題，違反了遊戲的概念，會怎麼樣呢？如果你選擇「是」……也就是加入龍王的隊伍贏取一半的天下，很遺憾地遊戲就會結束。忘了自己使命的勇者，將被打入黑暗的恐怖世界。忽視了《勇者鬥惡龍》中「打倒龍王」這個首尾一貫的概念，就會受到懲罰。

在提供現實世界的商品或服務時，如果也忘了「讓世界變好」這個要件，通常結果也會適得其反。因為沒有讓世界變好，商品也就不會暢銷，最後只落得浪費時間勞力的懲罰，自己也無法幸福快樂。

這時，針對龍王的問題，理直氣壯地按下「否」的勇者們才是「創作」時所需要的人才。

在創作的初期最需要的，就是勇者的登場。在創作之前，必須有能夠思索概念的勇者（也就是你）出現。

擔任勇者的你，使命就是**堅持概念工作中最重要的條件——讓世界變好，且堅**

持這個概念到最後。

於是我們從團團的迷霧裡，總算等到「你」這個勇者的出現。

總算見到你的帥氣身影，接下來要問勇敢的挑戰者第一個問題，也是最基本的問題：「你會讓世界變好嗎？」

02
何謂概念

概念就是讓世界變得更美好的方法

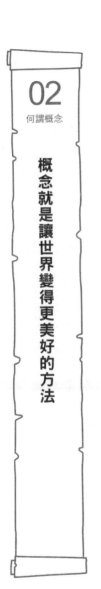

03 冒險的夥伴——創作的步驟

我們的探索旅程已經來到所謂的「概念」，就是讓世界變好的方法。正在閱讀此書的你可說是「思考讓世界如何變得更好的勇者」。

讓我們再看看下圖，「創作」總算撥雲見日，其中出現了像你這樣的勇者。

但……你覺不覺得奇怪呢？所謂的概念工作不只是個**思考工作**嗎？具體上沒有創造的功能，卻會有實際的產出。

這究竟是怎麼一回事呢？

在此我們試著再追加一個「實際創作的你」。延續已有的概念，為了要有具體的產出，所需的工作就稱為企畫（project）。下圖增

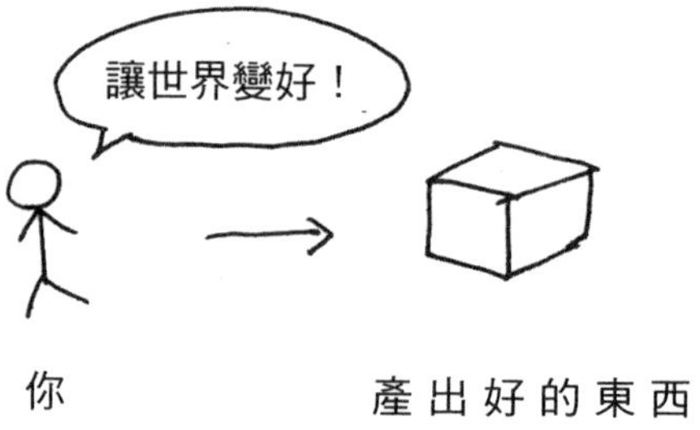

加了「執行企畫的你」。

「執行概念工作的你」和「執行企畫的你」，不論做什麼都是「你」，也許你又會覺得不對勁！但好比一個人做飯的時候，思考要做什麼菜的是你（執行概念工作的人），切菜、炒菜的也是你（執行企畫的人），身兼多職是常見的！

已經有了「概念工作」和「企畫」兩個概念，但光靠這兩個功能進行就能創作了嗎？事實上還不夠，尤其是一個人工作時難以察覺的問題，在組織裡很多人一起工作時會比較容易被發覺。因此，**概念工作和企畫之間還有另一個工作是不可或缺的。**

那就是，簡報（presentation）的角色。

簡報者的職責就是傳達概念，讓企畫容易理解。

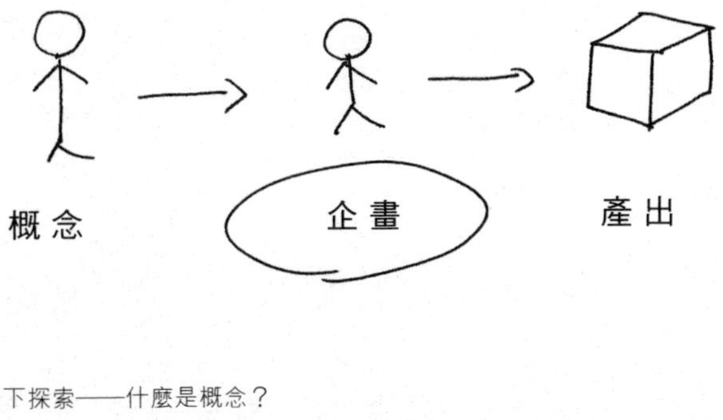

如果是在遊戲裡，勇者（領導者）只要一聲令下，所有人就會馬上服從命令作戰。但在公司如果用同樣的方法，只會變成討厭鬼。

舉例來說，你正興高采烈地說「衝啊！」的時候，同事們也許會說「為什麼非衝不可？」、「現在向前衝安全嗎？」、「我們這樣向前衝，股東們會怎麼想？」、「憑什麼要我們聽你的啊？」從各種角度，每個人有各種不同的意見。

類似這樣的問題，就算你打算一個人執行創造發想工作時也會發生。這只是你一個人想要達成的概念，但為了要讓這個概念實現往往會出現一些現實面的問題，例如：必須先讀幾年書才能懂，或是時間、體力、金錢不夠，也有可能是得找到能力上補足自己不足之處的夥伴……等等。

很多「必須做的事」擺在你眼前，你卻望之卻步，如果再多一個你是不是比較有說服力呢？

此時，簡報就扮演了中間者的角色，我們看不見，但它確實存在。

執行概念工作的你，應該對獲得產出的未來有明確的藍圖。另一方面，執行企畫的你，也一定會留意到工作現場所發生的問題，所以當然會舉手反對說：「那樣怎麼得了！太難了啦！不可能辦得到！」**在這樣矛盾的兩人之間還需要另一個人來**

調解，那就是「簡報的你」。

重新回想一次，所謂概念就是「讓世界變好的方法」。

但是，無論那個讓世界變好的概念有多麼地完美，不表示就能得到所有相關工作夥伴們的認同。尤其是提出的概念，如果執行起來很辛苦或是困難重重，那就更不容易得到大夥的認同了。

也就是說，做簡報的你不只是要傳達概念，你還有另一項使命，那就是必須讓所有參加企畫案的夥伴心裡湧上「無論如何要實踐這個概念」的想法，是非常重大的責任。

概念工作、簡報、企畫，扮演三個角色的「你」執行所有的工作，因此我們總算到達能產生「好東西」的階段了。

若再以《勇者鬥惡龍》遊戲來比喻，我想大概就是產生概念的

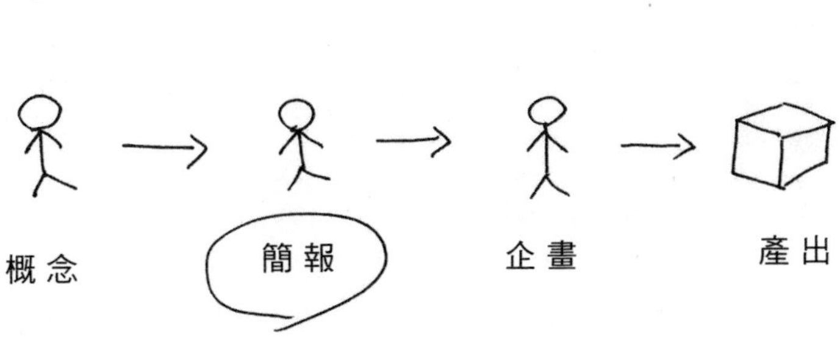

勇者（概念工作者）、充滿溫情鼓勵夥伴的僧侶（簡報者）和實際與敵人打仗的戰士（企畫案總監）……吧！這場從迷霧中出發的冒險總算稱得上是個旅程了。

但事實上，一同冒險的夥伴不只有勇者、僧侶和戰士而已。

還需要一個重要的夥伴。

舉例來說，熱門暢銷的ＲＰＧ遊戲軟體《勇者鬥惡龍Ⅲ》，曾經玩過的人應該都知道，以冒險的夥伴來說，有個職業很讓人頭痛，他什麼了不起的能力都沒有，和怪獸打仗時也完全派不上用場，那就是「遊人」。

遊人一昧地只是「想要更多的錢」、「想要更多的幸福快樂」，完全不聽勇者的指揮。儘管勇者、僧侶和戰士們一心一意為了「拯救世界」與惡魔戰鬥，遊人卻搞不清楚狀況只是在旁一直手足舞蹈。大夥應該很後悔當時為什麼要讓他成為冒險的夥伴吧！

但在遊戲裡的設定卻非常有趣，即使如此一無是處的遊人，在經過一番訓練，齊聚一定的條件之後，就會轉職為能夠使用魔法的「賢者」。因為遊人總是坦率表達自己的需求，而隱藏了「賢者」的特質。

在遊戲裡，這是個非常難以掌握的問題，卻也是個不容易忽視的問題。

遊人的期望，簡單來說可以歸結為下列兩點：

- **要幸福快樂，不想做的事就是不想做**
- **不想死，要更多的錢**

遊人的期望絕對不容忽視，因為身為勇者（概念工作者）的你無論發表再高尚再了不起的概念，如果潛藏在你心中的遊人無法認同，冒險之旅終究會受挫。

眼前即使是一條讓世界更好的大道，前進時若感覺不到幸福快樂，勢必會躊躇、會彷徨，而企畫也一定會頓挫，如此一來「好東西」就不可能問世。

回想一下，我們展開概念的探險之旅就是為了要讓「好東西」問世，讓世界變得更好，進而讓自己變得幸福快樂。**沒有「好東西」，冒險將毫無意義。**

為了避免上述事件發生，在概念工作上必須克服下列兩點：

- **你必須打從心裡認同，並且確信要執行的概念將會讓人變得更幸福、更快樂**
- **你或你的公司會一直存在（金錢能力、永續性）**

我們將這兩點也加進我們的概念工作中，「遊人」的角色就叫做「**活在當下的你**」吧！

發想出來的東西能讓你幸福快樂嗎？能使你或你公司獲利且永續生存嗎？確認這兩點正存在你的創作之中，是「活在當下的你」的職責。

舉例來說，任天堂整體策略的概念如下：

擴大玩家人口：無關年齡、性別、不論是否有遊戲的經驗，要讓任何人都能玩得開心。

如果能多一個人也好，大家能一起開心玩遊戲，對喜歡遊戲的員工而言是多麼幸福的事啊！如果玩家人口的擴大到能夠像漫畫、電影一樣、像是文化一般擁有社會地位，為大家接受，也許某一天全世界所有喜歡遊戲的人都能夠抬頭挺胸大聲地說：「我愛遊戲」。

我在任天堂就是依循著這個概念，思考著如何才能使世界變得更好。

理所當然，因為「玩家人口增加＝使用者人數增加」，公司的利益也會增加。同時，「玩家人口擴大」的概念也源自於任天堂公司全體員工想滿足自己心裡所潛藏的那個遊人。

如此一來，便齊聚了同心一意的冒險夥伴們。

為了要讓世界變得更好，團隊成員必須有「執行概念工作的你」、傳達公司概念同時可以鼓勵大家的那個「做簡報的你」、將好東西具體化的那個「執行企畫的你」和總是坦率地表達自己想法的那個「活在當下的你」。

四個不同的角色攜手一起踏上「創作」的驚險之旅。

特別容易被遺忘的角色是遊人，也就是「活在當下的你」。

概念是讓世界變好的方法，那也是我們的期望，且世界也一定樂於接受。但是，想來想去想的都是為了世界的話，總是會疲憊、會有挫折感，最後可能會無法繼續創造「好的東西」，那事情將會本末倒置。

03 何謂概念

概念是讓你更幸福更快樂的方法

概念，既是讓在你生存的「世界」變得更好的方法，同時也必須是讓你心靈深處的那個「你」更幸福快樂的方法。

04 高掛旗幟——概念的形式

總結概念的定義就是：

概念是讓世界變得更好的方法，同時也是讓你更幸福快樂的方法。

乍看之下也許會覺得很抽象，但用來辨別概念的好壞時，這其實非常具體且有效。如果欠缺了「你」或「世界」，製造出來的就不會是令人滿意的好東西。因此，「執行概念工作的你」和「活在當下的你」必須聯手。

接下來就剩下「做簡報的你」和「執行企畫案的你」兩個角色。

在這個單元，我們從「做簡報的你」的角度來定義何謂概念。因為無論你用多大的熱情提出概念，如果執行企畫案的人無法理解，那根本毫無意義。

因此，我們聚焦在「樣式」來解讀何謂概念。

對於做簡報的你而言，要提出的最終概念必須滿足下列三個要件：

1．**好記** 容易記憶，無論任何時候、在任何地方都能讓人馬上聯想。

2．**好傳達** 人與人之間容易傳達。

3．**不易改變** 經過多次的溝通討論後也不會改變原來的形式。

在創作的工作現場尤其經常有這類的問題，有很多人在聽簡報時明明就聽懂了，但走出會議室卻忘得一乾二淨。因為人的記憶力有限，「如何才能讓大家記住？」這個問題對做簡報的你而言，是個再根本不過的問題。

此外，如果能一次就召集組織裡的所有同仁聽簡報，事情就簡單多了，但事情往往沒有那麼容易，同時召集全體員工不容易，通常是一部分人代表出席聽簡報之後再傳達給其他人。此時，**概念必須是個容易傳達的形式**。

最後，還有一點必須留意；在「好的東西」完成之前，概念不允許被改變。

簡報負責人不可以改變任何概念工作負責人所傳達的內容，企畫案在執行期間也必須按照原本的形態執行、共享。形態一旦被改變，即使是正在執行的企畫案，工作夥伴們的共同意見終究會在某個階段瓦解，最後會創造出「歪七扭八的商品」，或是提供一些「亂七八糟的服務」。

那麼，為了要滿足這三個條件，概念究竟該是什麼樣的「形態」呢？概念應有的形式可列舉以下幾點：

- 以文字表達的語言
- 圖畫或圖表
- 經過設計的標誌
- 工程作業流程圖
- 以聲音表達的語言或音樂
- 影片
- 實體模型

方法有很多，但唯一滿足之前所舉的三個條件的只有以文字表達的語言。

其它方法在簡報結束後要複製重現不易，且使得企畫人員在回想、共享時也非常地浪費時間。再加上其它方法可能會讓工作人員各自衍生不同的想像和理解。

因此，概念一定得是「**以文字表達的語言**」才可以。

我們總算來到「以文字表達的語言」的階段了，但只要是以文字表達的語言就可以嗎？不，光是文字就有好幾種，例如：

- 平假名、片假名、漢字
- 數字
- 英文字母
- 外國語言

從以上幾個選項中，若考慮先前所提到的三個條件，只剩下一個選擇。

首先，數字不好記，尤其是年號、營業額等數字，一不小心就會弄錯。

也許有人認為一、兩位數的數字應該很好記吧！但「爸媽幾歲？」這樣重要的兩位數都有很多人經常搞錯（我就是那個經常搞不清楚的人）。

其次，以英文字母呈現的話，不僅容易拼錯，而且每個人對英文單字的理解常有歧異，因此並不適合作為概念的形式。不是語言的意思好或不好的問題，光是有些人認為「用英文比較酷」，這就是個大問題。

概念不是口號，也不需要成為廣告標語，沒必要耍酷。

這麼一來，就只剩下「平假名、片假名、漢字」。

如果是「蕃茄」（トマト）、「撲克牌」（トランプ）等片假名，所有人都知道是什麼東西，不會產

生問題。但是「乾淨、清新」（フレッシュ）、「感覺、感受」（フィール）等單字每個人的認知不同、解釋也不同，這類字眼就不應該使用在概念表達上。

研究的結論，能用在概念上的文字就只剩下「平假名、片假名、漢字」，但這只是所有日本人能清楚了解的文字，更正確地說應該是「**數字以外的母語文句**」比較恰當。

然後，最後還有一點，對做簡報的你而言非常重要。

概念傳達的要件主要是要讓大家容易記住，因此盡可能使用簡潔的表現方法。而為了讓聽簡報的所有企畫案人員都可以很快就回想起來，能時常朗朗上口的字數最恰當。

人人都能像夏夜青蛙的合唱般複誦的字數最為恰當。青蛙光只是「呱～呱～呱～」就已經頭昏昏腦脹脹的（對青蛙真是太沒禮貌了），而我們人類一次可以記幾個字呢？

我舉我個人的經驗：

是20個字。

一連串的概念，如果無法濃縮成20個字，就會有人記不住，在組織裡也難以傳達。其實20個字算是長的，並不會太短。例如松尾芭蕉的有知名俳句，我們的習性是不仔細回想就無法複誦。

寧靜　××××　××××

如何？在想著往下要接什麼句子時，有沒有一絲不安呢？有沒有人往下接「青蛙跳水　噗通噗通」呢？

這是個故意讓大家混淆的小小的惡作劇，我才先舉了青蛙的例子。正確答案是「寧靜　**滲入岩石　蟬的聲音**」。

我想說的是，經常我們就連這幾個字都無法正確記憶。若要對誰傳達概念時也會有同樣的問題。

即使簡報時間可以充份利用，最後在參加者的記憶裡留下的應該只有「20字左右的文句」。

因為是為了讓世界變得更好，而且為了要讓你變得更幸福快樂，緣此思考出來的概念在呈現上可能會相當冗長。但如果能夠濃縮在20個字左右，創作的探險之旅將會更順利。概念的傳達機會越多、回想起來的機會越多，發想產品時疑惑就會越少。

正因為不難想像這是一趟驚險之旅，因此在困難當前時，我們必須把手放在胸前重新宣誓概念。

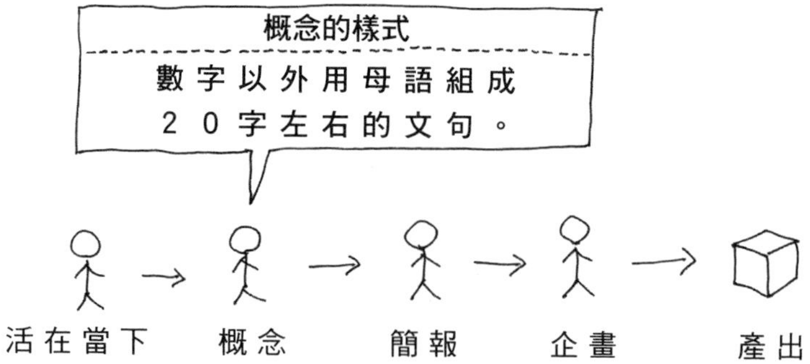

04

何謂概念

概念是數字以外，母語20字左右的文句

05 惡魔的低語——「好」是什麼？

概念的向下探索之旅已經差不多過了一半，讓我們回顧一下前面的內容。

・概念是，使世界變好的方法。
・概念是，讓你更幸福快樂的方法。
・概念是，用你的母語20字左右所組成的文句。

讓我們再回想一下，藉由創作產生「好的東西」，是我們在概念工作最應該思考的事。

那麼我們可以宣稱我們的概念就是「製作出好東西」嗎？

若製作好的東西提供給全世界，世界就會變得更好；好的東西如果暢銷，你也將會變得更幸福快樂；接著，20字左右的概念要件也輕輕鬆鬆克服了。

這個應該就是所謂的概念吧！大家怎麼認為呢？

「這哪算是概念啊？」我想一定有人心裡這樣嘀咕著。

沒錯！如果這都能算概念的話，這本書就不會出版了。

我們從結論說起，**在思考概念時，絕對不可以用到「好」這個字**。在概念工作，使用「好」這個字眼會像是召喚了惡魔一般，把你拖進無止盡的深淵。

這個章節要談的就是「好」這個字眼的使用。

在本書一開頭就已經將我們生存的世界分為「你」和「世界」兩部分。

我們試著用同樣的方法將「好」也分成兩個部分。

這兩種好就是**「已知的好」和「未知的好」**。

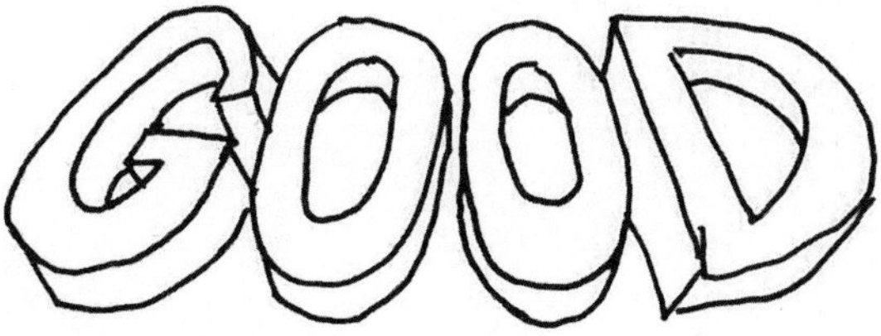

想像一下，如果你是新型智慧型手機的企畫負責人，為了搶先其他競爭業者推出有吸引力的商品，正在研商是否應該生產大畫面的手機。

大畫面確實比較美觀，應該會受到消費者的喜愛。

但是，成本會大幅提升、手機也會變得又大又重、而且大型手機一定很耗電、電池消耗和耐久性都是問題，再加上大畫面手機也一定需要呈現圖像、文字、動畫等顯像品質。

「總之做出好東西來」這個念頭之後接踵而來的問題就是產品價格、好不好操作、開發的難易度……等等。要勉強便宜賣，也不是不可能，但開發時所需的大額資金、像機器人一樣不眠不休工作的人工、研發時所耗費的大量時間等，所需要的資源事實上是無止盡的。

這麼想的話，「總之做出好東西來」，這一句話其實非常不切實際，就只是個理想而已。

所以算了，不要再想「做出好東西」。

讀到這裡，也許有人心裡會想：「搞什麼東西嘛！」

讓我們再舉一個例子，如果你能夠瞭解「好」這個詞的真相，我想你就能明白我的意思。

以「好」的典型例子——「輕薄保暖且平價的刷毛衣」。當大家在追求禦寒的「好」商品時，這個產品比起其他廠商的產品更加輕薄、更加保暖，而且比其他廠商賣更便宜，這個商品就是個無可挑剔的「好」商品。

這個商品的好是「保暖」、「輕薄」、「便宜」，必須注意其特色是**「所有消費者都能夠憑直覺感知這個好，而且消費者能輕易說明這個好」**。

保暖、輕巧、便宜，其它的還有大型、美觀、便攜等很多要素都是消費者能馬上知道的「好」。「因為它好才買」，其中的「好」無疑會被消費者認定為優勢，廠商更是確信「好東西就是好東西，一定會大賣」。

像這樣提供產品及服務的賣方和買方都能滿足、也都確信的「好」，「已知的好」。也就是說，消費者早就知道那是「好」的。

除了刷毛衣的例子之外，下列所舉例的「好」都是「已知的好」：

- 快速、省油——汽車的性能
- 速度快、記憶體容量大——電腦的處理能力
- 學歷、年收入——人的優點比較

世界上大部分的商品都是營運「已知的好」，競爭非常激烈。由於要實現「已知的好」，必須投入非常大的資金、時間和勞力。然而我們並沒有無限的資源。追逐「已知的好」很重要，而且沒有錯。無可否認的就是因為廠商把「已知的好」當成武器在競爭市場上彼此競爭，才使我們的生活變得越來越優渥。

但是，偶爾也會有一些嶄新的「**未知的好**」出現在市場上，令人脫口而出：「這是什麼？看起來很棒耶！」但就是說不出來，「好」到無法言喻。若有人問怎麼賣得這麼好啊？通常也只能支支吾吾地回答：「應該是強力商品啦！很吸引人吧！反正就是好東西！」

那樣的東西一旦問世，所有人都會拍手叫好，就像是在世上看見了新的光明一樣的瘋狂，不但媒體大篇幅報導新商品帶來了社會現象，大街小巷的所有話題都圍繞在那個新商品上。但最厲害的是那個商品究竟哪裡「好」，當時大家都無法掌握，因此其他競爭業者也無法追隨。

「已知的好」，任何時候都會有其他競業者追隨，只要投入大量的資金、時間和勞力，隨時都能生產出低價且高性能的產品。也就是說，銷售「已知的好」上，通常**大企業會勝出**，因為只有大企業才有能力投入大筆開發所需的資源。

以下，總結「已知的好」和「未知的好」：

- **已知的好**　消費者和生產者都能馬上知道好在哪裡，但需要無限的研發資源。

· **未知的好**　消費者無法清楚說明好在哪裡，競爭廠商無法模仿，需要的是「資源之外」的事。

然而，**所謂的「資源之外的事」就是「概念」**。

我想大家都認同創造「未知的好」比任何事都重要。但有一個問題就是，「未知的好」就連消費者都不知道，也說不出來——也就是說「未知的好」並不是所有人客觀公認的好。換句話說，消費者一致認為的「好」全都屬於「已知的好」。可以說思考「概念」的你也一樣，當你用了「好」這個字的瞬間，那就是意謂著是「已知的好」。

正因為「已知的好」任何人都能理解，一不小心就會想依賴。但只要一直依賴著「已知的好」，就會需要龐大的資源，久而久之就會做不出「好的東西」。也就是說，會產生一種矛盾的現象，明明是在追逐所有人公認的「好」，但結果卻生產不出「好的東西」。

另一方面，也不能光憑直覺將「未知的好」全部理解為「**那就是好的**」，因此創作的旅程又多了一分驚險，這種時時刻刻忐忑不安的心情，其實很折騰人吧！

但是，只有到達旅程終點的人才能創造出改變世界的「好東西」。

比如說我們現在住在以「已知的好」所開闢的土地之上。在「已知的好」區域裡乍看之下很安全，但其實在這一區之中大家互相爭奪、彼此競爭，只有強人才能生存，是個要懂得生存方式的地方。

傳說有被未知的迷霧所覆蓋的城市，但是在雲中住著惡魔。身為勇者的你，撥開迷霧、開拓未知的大地，就是你的使命。

「好」這個字所給人的安心感應該能把你留在這個區域裡吧！但萬萬不可聽信那個字眼，那是惡魔的誘惑。你一心想讓世界變得更好，但惡魔的目的是想要讓世界一成不變地維持現

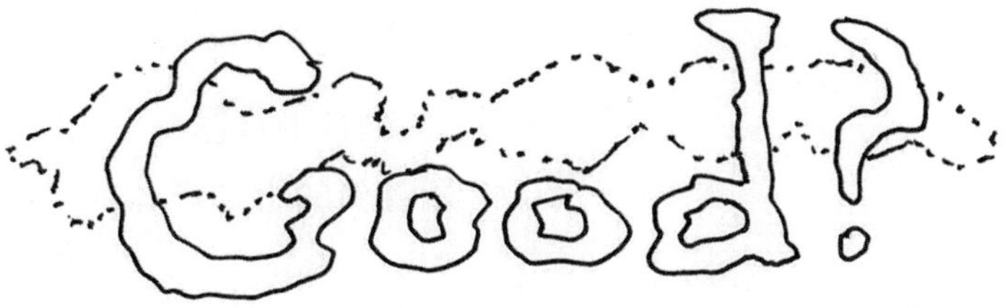

狀。

所以，身為勇者的你必須要丟掉「好」這個字，自己鑽進未知的迷霧裡去探索。去發現那個誰都沒察覺的，隱藏起來的「好」。

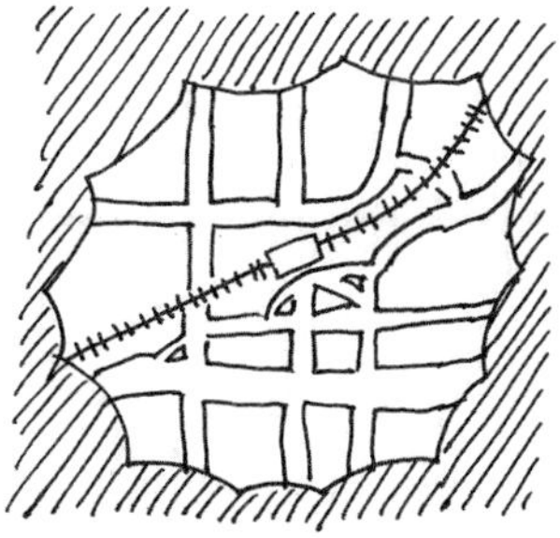

未知迷霧的縫隙
所看到的已知地區

05
何謂概念

概念是具體化「未知的好」

06 賜予翅膀——願景

我們已經一點一點地了解了概念的內涵，慢慢地看見概念的樣子了。

我們已經知道「未知的好」才是概念工作應該前進的方向，但想要發掘未知的事並不容易。怎麼說都是未知，先撇開我們能否清楚分辨某個東西好不好，即使是用直覺感覺都難以發現他的存在。

這個章節要說明如何發現「未知的好」。

關鍵不在勇者、僧侶和戰士，而是身為遊人的那個「活在當下的你」。

◈

我剛進任天堂時，某一天公司召集所有新進員工，讓員工們發表自己「想做什麼？」「想達成什麼樣的理想？」當時我說的是：

我要做一個連我奶奶都能開心玩的遊戲

我喜歡遊戲，也喜歡奶奶，我很認真地思考過如何跟奶奶一起分享遊戲的樂趣——不須任何說明書、大家都能開心玩，只要在擅長開發這種老少咸宜遊戲的任天堂，我一定能實現願望。

這就是潛藏在我心裡的那個「活在當下的我」所期盼的，再單純不過的願望。

而這個願望就是接觸「未知的好」的出發點。本書將這個**「單純的願望」稱之為「願景」**。

我還有很多其它的願景：

- 如果有我奶奶也會玩的遊戲就好了……
- 如果「反對遊戲」的浪潮能快點結束就好了……

・遊戲如果也能像電影、小說、音樂一樣，被當作一般文化為大眾所接受就好了……

・如果有什麼方法能改變女生討厭遊戲的現狀就好了……

・如果遊戲能變得簡單，能有更多人玩遊戲就好了……

・如果能夠挺起胸膛理直氣壯地說「我的興趣是玩遊戲」就好了……

・如果能像圍爐吃火鍋一樣，全家一起開心玩遊戲就好了……

舉例來說，當我想到「像圍爐吃火鍋一起玩遊戲」的願景時，在我腦海裡就浮現了以下的想像：

・一家人一起開心地看電視的樣子

・有人傾身向前夾菜的樣子

・整個家都是火鍋的蒸氣，瀰漫著濕潤氣息

・外頭一片昏暗，家中卻是溫暖明亮的色調

・有人開玩笑說「不要一直吃肉啦！」，也有人被逗笑了我想知道Wii的人都懂，這些想像和Wii的形象是共通的。

實際看看Wii的廣告，很多是演員們互開玩笑、身體動來動去，整個遊戲的空間裡充滿了溫暖開心的氣氛。對我而言，「**火鍋**」一語代表了家人、朋友間一起開心玩遊戲的快樂時光。每次回想起來心裡總是暖烘烘的，這是我個人一個很重要的願景。

但即使是對我而言如此重要的願景，實際上要否定它也非常輕而易舉。例如下列幾點就能輕易地否定：

- 玩遊戲的主要族群大約是國中到大學的大男孩，這些世代的人獨立心強，在他們的價值觀裡大多直覺否定家庭，不喜歡火鍋。
- 在小家庭、雙薪、少子化的社會現狀下，全家人要團聚在一起就很不容易，更別說是圍著一起吃火鍋了。

不停地這樣否定之後開始不安，究竟「火鍋」本身是不是個錯誤的想法呢？這種不安的情緒持續蔓延，連我自己都開始懷疑這個願景。

「我真的這麼喜歡一家團聚的想法嗎？只是假裝自己是個好孩子吧！」

「遊戲終究只是年輕男孩的喜好，想搶攻其他年齡層也賺不了錢吧！」

甚至沮喪的時候會想：

「單親家庭出生的我哪會知道什麼是一家團圓啊？自己也還單身，一直強調一家人，純粹只是在掩飾自己的自卑感吧！」

在構築願景的同時，會像背後長了翅膀一般，帶領我們到很美、很溫暖的世界。但願景同時非常脆弱，當思考一些如何實踐這個願景，或者現實的問題往往很容易破滅，其實無所謂，即使每個願景都有可能輕易被否定，也沒有關係。

在掌管願景的遊人世界裡，經常會發生一些不可思議的事，一個個脆弱的願景，集合起來有時反而無比強而有力。

願景終究必須是一個不必負責任、無關實現可能性高不高的「單純的願望」，因為那是從遊人那兒聽來最樸實的心聲。

應該說願景是越馬虎越好，願望是越忠於自己的心裡話越好，其它細項的問題都不需要考慮。

無論個別的願景有多麼地馬虎，集合愈多願景，越容易孕育成概念。我們再回想一次以下的願景：

- 如果有我奶奶也會玩的遊戲就好了……
- 如果「反對遊戲」的浪潮能快點結束就好了……
- 遊戲如果也能像電影、小說、音樂一樣，被當作文化被大眾接受就好了……
- 如果有什麼方法能改變女生討厭遊戲的現狀就好了……
- 如果遊戲能變得簡單，能有更多人玩遊戲就好了……
- 如果能夠挺起胸膛理直氣壯地說「我的興趣是玩遊戲」就好了……

・如果能像圍爐吃火鍋一樣，全家一起開心玩遊戲就好了……

即使個別都是可輕易被擊碎的願景，但如果集合起來，就可以看透這無數個願景成就的集合體，如同有人在各個願景的後面拉著線一般，浮現出敵人巨大的模糊身影。

上述的那些願景彷彿是在說「遊戲也應該和一般市民一樣享有市民該有的權利，不應該被嫌棄，所有人都能樂在其中」，但這只是曖昧不清的想法。

這個曖昧不清的想法是由無數個脆弱的願景結合而成，即使願景本身很有可能輕易被各自擊碎，但如果那些都是你心裡的遊人所期待的「單純願望」，那麼因此結合而成的大願景一定會越來越強大。

就讓我們目不轉睛地盯著那些無數願景背後所呈現的模糊影子吧！

揮去未知的迷霧，勢必會得到一個讓世界更好的概念。也就是說，所謂的概念就像「可以同時解決無數願景所抱持的無數問題的魔法」一般。

在遊人的世界裡會發生一種不可思議的現象，那就是「**問題越多越容易解決**」。

我們再舉一個在遊人世界裡會發生的奇妙現象為例。

在執行企畫時，一般都會有下列的問題：「新的遊戲機要注入什麼功能比較好呢？」

請注意，這個問題在討論「已知的好」。那雖然也是在討論「願景」問題，但我們追求的答案是大家用直覺去反應的「好」。也就是說，「已知的好」在這裡是個重要問題。「火鍋」是個很容易被否定的願景，太過於夢幻，不切實際，就算是被當做荒唐無稽的願景也不奇怪。

但願景若是被誰給否定了，也要仔細觀察「被

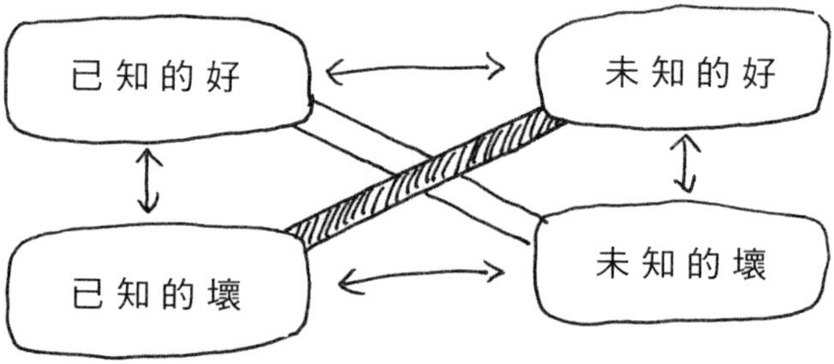

否定」的事實，這個願景即使你認為是「好」的，但對其他人來說，正因為無法用直覺認定是個「好」的東西，才會被否定。

沒錯，因此那個願景極有可能含有「未知的好」在其中。

在遊人的世界裡會發生的另一個不可思議現象，即是「**越是被否定的願景越有價值**」，是個價值逆轉的現象。

我們所要追求的是，我們跟消費者還未曾發現的「未知的好」，我們必須要和總是依賴「已知的好」的自己說再見。

某個願景如果可以使用「好」這個形容詞的話，就表示那個願景本身其實是比較接近「已知的

好」。反之，如果感覺在某個願景很不容易用上「好」這個字眼時，起碼那個願景不是「已知的好」，也許是個沉睡的「未知的好」。

由此可知，**輕易地就被否定為「壞」願景，其實很有可能含有「未知的好」**。容易被否定的願景可以說是被其他人也否定過無數次。因為我們總是以一貫的保守作風拘泥於「已知的好」，隱藏在其中的「未知的好」才會沉睡在願景裡。也就是說，越是容易被否定的願景，越有著未知的價值。

◆

我們總結在遊人的世界會發生的兩個不可思議的現象：

集合無數脆弱、易受否定的願景，正是前往概念的捷徑。

若是一般的價值觀，我們會極力排除有問題的願景，而創造一個任何人都不會否定的唯一願景。但是，這麼做只能通往「已知的好」。

有關企畫的討論偶爾會出現以下觀點：「消費者不知道自己要什麼」、「問消費者想要什麼根本毫無意義」。大體上來說，我也贊成這個觀點，但聽起來總覺得好像把消費者都當成笨蛋一樣，所以我不喜歡這種說法。

我個人認為並不是「消費者不知道自己要什麼」，正確來說應該是「未知的好，對消費者或對生產者而言都是未知」。

我們不應該把自己限縮在已知的好，對我們而言、對消費者而言，能否持續探索未知的好才是最重要的。那才是傾聽遊人（活在當下的你）單純想法的捷徑。

願景就像是那個從你心中揪出概念，且將概念送到現實世界的信鴿一樣。

願景的集合體

而那隻信鴿就在沒有責任感的遊人（活在當下的你）與為了改變世界而不停冒險的勇者（執行概念工作的你）之間的山谷中悠閒自在地飛來飛去，帶領我們前往真正的概念世界。

06 何謂概念

概念自願景的集合體中產生

07 最初的約定——道具

有了願景，概念就可以完成了嗎？很遺憾，事情並沒有那麼簡單，還缺少一個道具。遊人（活在當下的你）天馬行空地說了幾句話，但那些話要讓現實世界接受並不容易。

那麼，究竟缺少了什麼關鍵道具呢？

這個章節正要介紹這個重要的關鍵。

我們必須借助勇者（執行概念工作的你）身旁的好友，那就是「**簡報的你**」。

◆

目不轉睛的注視著無數願景的集合體，你以為總算是抓到了概念的一大半，這樣就有十足的信心可以順利進行所有的事了。彷彿有成為一個真正的勇者一般的錯覺。

但事實上，這些願景究竟要如何說明才能得到大家的認同呢？

願景從你心中產生，但是實際創作時卻不能原原本本的套用。概念要從「你」傳達到「你以外的世界」，獲取認同的傳達工作是不可或缺的。

而擔當那個工作的人正是「**簡報的你**」。

我們舉童話故事「桃太郎」為例，這是日本最經典的冒險故事。首先我們在桃太郎的故事增加一個角色，那就是「你」。

假設，你誤入了桃太郎的世界裡，而你所擁有的記憶與價值觀完全和正在閱讀此書的你一樣。

某天，桃太郎這麼說：「我們一起去惡鬼島吧！」

因為你知道惡鬼有多可怕，你一定會阻止桃太郎（畢竟光是這個世界上有惡鬼存在就非常恐怖了）。「太危險了！一定會被殺掉的！」桃太郎要說的話我都懂，但再想一想比較好吧——會如此畏畏縮縮的你其實很正常。

這個問題就在於簡報。究竟桃太郎要如何簡報才能說服你一起去打惡鬼呢？因為我們都聽過桃太郎的故事，所以知道桃太郎最後如何克服所有困難打倒惡鬼。

但反過來說，我們理所當然都知道，桃太郎打惡鬼之前究竟該有什麼計畫。

正在聽桃太郎做簡報的你非常清楚桃太郎需要小狗、小猴子和雉雞三個隨從，否則他根本無法攻陷惡鬼島。

此時，你應該會想：「在我眼前的桃太郎究竟知不知道他需要小狗、猴子和雉雞的幫助呢？」

接著，你考慮的應該是：「即使能遇見小狗、猴子和雉雞，牠們願不願意當桃太郎的隨從呢？」

然後，要牠們當桃太郎的隨從就必須要有糯米丸子，當你問桃太郎：「糯米丸子準備好了沒？」此時桃太郎的回答是否能讓你滿意，將是你願不願意和桃太郎一起出發去冒險的必要條件。

你應該會想偷偷地問桃太郎：「喂～小桃啊！你有沒有考慮到糯米丸子的事？」這時如果桃太郎一副事不關己的樣子回答：「完全沒想耶！沒關係啦！反正跟我走就是了。」我猜你會想要放棄吧！

必須要追根究柢：「爺爺、奶奶有沒有準備好糯米丸子要讓桃太郎帶在身上呢？」此外，桃太郎本身是否清楚冒險能否成功的所有條件，這些都必須一一確認。

總之，我們從現代穿越到了過去的童話，為了要說服那個「極度現實的你」，桃太郎的簡報內容必須要像以下這樣：

「為了打倒魔鬼，我們必須去惡鬼島。為了打倒魔鬼當然需要隨從，我們在途中必定會遇見小狗、猴子和雉雞，為了讓牠們自願當我們的隨從，我們需要糯米丸子，我知道爺爺、奶奶會幫我們準備糯米丸子。所以我們一起去惡鬼島吧！」

……這是哪來的普通英雄，但如果桃太郎不這麼做簡報，你也不會打從心裡贊成說「ＯＫ」吧！

本書將達成願景實際上所需的事物統稱為「**道具**」（item）。

打倒惡鬼，任何人都會很開心，但為了使聽眾全數打從心裡想：「嗯！這個實行可能性很高，我也參加！」如此獲得認同，**光只有願景是不夠的**。

在「世界」上存在著隨從、糯米丸子、爺爺、奶奶等道具，但如果無法說明這些道具之間的邏輯關聯，其他的夥伴們就不可能跨出第一步。

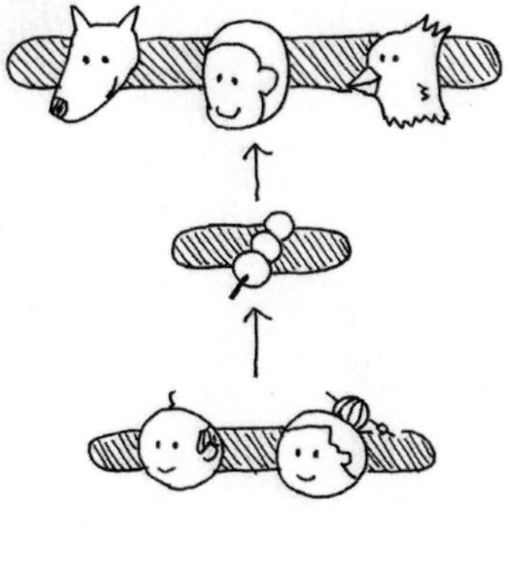

也就是說，**概念剩下的另一半就是道具的集合體**。

如同桃太郎說服你的一樣，你也必須依照各個道具判斷實踐概念可能性之後，再傳達給企畫人員。

此外，桃太郎的最終目標是「打倒惡鬼」，我們再追溯最原始的道具——「爺爺和奶奶」。

在這個童話的一開頭就說「從前，從前，在某個地方住著老爺爺和老奶奶。」無意間道出的爺爺和奶奶是桃太郎實踐概念的道具，這個童話故事的開端其實非常地棒。

這兩位用愛伴隨著桃太郎成長的角色正是拯救世界最重要的道具。

創造好的東西，讓世界也讓你變得更好，在這個概念探險中，明明就近在眼前卻想都沒想到過的道具，往往也許可以助你一臂之力。

乍看之下荒唐無稽的願景，只要找到

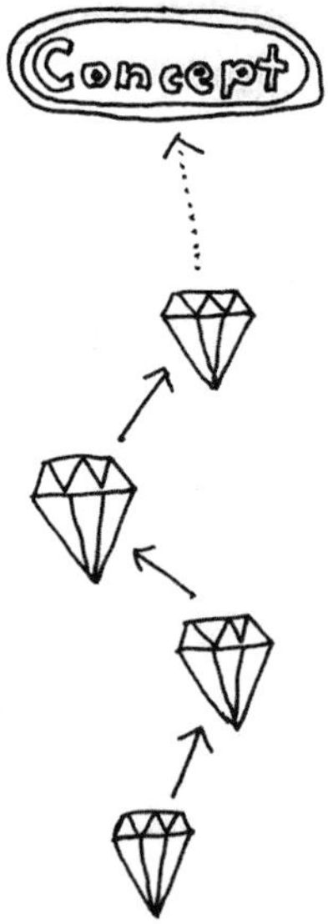

道具的集合體

適合的道具也有可能會實現。收集道具賦予你的願景一個強大的力量吧！也就是說，在收集概念適合的道具後，簡報的你也會信心大增，向所有人傳達「看吧！我是有能力將世界變得更加美好的。」

到這裡，我們第一次看見創作冒險成功的徵兆，現在勇士的劍正在發光發亮，並指向未知的迷霧。

07

何謂概念

概念需藉由道具的集合體來傳達

08 以「什麼」達成「什麼」——概念

至此已說明概念由多個願景中產生，而為了實現願景必須選擇必要的道具來創造一個故事。

「願景」和「道具」各佔「概念」的一半。也就是說概念由以下兩個部分構成：

① 想做什麼？（願景的集合體）

② 使用什麼？（道具的集合體）

這兩點就是概念的形式，我們以此為例，試著解解看任天堂的概念。

擴大玩家人口：無關年齡、性別、不論是否有玩遊戲的經驗，要讓任何人都能玩得開心。

這句話就是任天堂的「**戰略**」。

在此所謂的戰略，我們也可以稱之為公司的概念。在這個概念中有個補充說明是「無關年齡、性別或是有沒有玩遊戲的經驗，都能讓任何人開心」，而這句補充說明就是本書所謂的願景。總而言之，因為「年齡、性別與遊戲經驗的有無」等理由而不玩遊戲的人很多，而我們對這樣的現狀感到不滿，因此想打破這個現狀，這個願景就是從這個迫切且率真的願望中產生。

從這個願景引導出任天堂的概念，從任天堂的概念「擴大玩家人口」我們可以總結為以下內容：

想要擴大玩遊戲的人口！不論年齡、性別、或是有沒有玩遊戲的經驗，只要開發出任何人都能開心玩的遊戲，就能讓世界變好，我們也會變得更幸福快樂。

也就是說，只要有願景的集合體：「想做〇〇」（想擴大玩遊戲的人口！），加上道具的集合體：「使用〇〇」（使用任何人都能開心玩的遊戲），概念就會成立。我們可以說任天堂就是以遊戲產品擴大玩遊戲的人口數量，並以此為最大的判斷基準來執行他們所有的事業。因為任天堂相信這將會帶給所有員工更幸福的未來，並相信更美好的世界就在前方。

由多數個願景中所發現的是「擴大玩家人口」，而在多個道具中原本就存在的是「遊戲」。

雖然是個再簡單不過的概念，但首先請大家注意「好」這個字並沒有出現。並不是任天堂不想開發好遊戲，嚴格說來，我們也可以將「可擴大玩家人口的遊戲」定義為「好的遊戲」。

舉例來說，「這個功能會不會對擴大玩家人口有所貢獻呢？」之類的問題在實際開發遊戲商品當然會出現。即使幾經討論後的結果令人匪夷所思，只要功能能使遊戲的人口擴大，仍然要毫不猶豫的向前邁進。只要是依循著訂定的概念，即使沒有已知的好所能帶來的安心感也無妨，

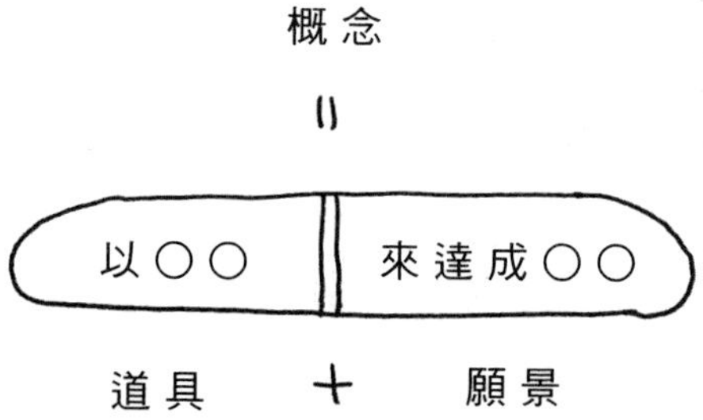

只要向前邁進就對了。以下，再次總結概念的形式與任務：

- 概念就在「創作」裡
- 概念是使世界變美好的方法
- 概念是讓你更幸福快樂的方法
- 概念是用母語寫出20字左右的文句
- 概念是具體化未知的好
- 概念自願景的集合體中所產生
- 概念需藉由道具的集合體來傳達
- 概念是以「什麼」來達成「什麼」

這就是概念的定義。訂定概念後，遵循概念做出「好的東西」就是所謂的「創作」。此外，我們當然需要四個工作夥伴，而這四個工作夥伴，也許是你一個人分飾四角，也有可能是幾千幾百人的公司將人員分成四組擔任四種任務。

在第一部分的最後要介紹創作的四個精神。

首先，「活在當下的你」的任務和其他想把世界變好的三人不同。為了要讓創作能長久進行，必須遵循其絕對要件，也就是以「你本身的幸福快樂」為價值判斷基準，不偽裝不做作，老老實實地表述自己的意見。

假設你是遊戲開發公司的員工，而你對遊戲完全不感興趣，那麼「活在當下的你」一定成天只會說：「快點讓我回家啦！」「只要給我薪水就好了」相反地，如果你是個熱愛遊戲的人，「活在當下的你」應該會出現強烈的念頭開始思考「怎麼做才會讓所有人都接受遊戲呢？」「真希望大家都能開心玩遊戲」。

而你的這份熱情就會影響全體工作夥伴，進而產生「願景」、完成「概念」、開始「創作」。每個人共享

「喜歡」

活在當下的你

且認同「願景」，點燃夥伴之間的熱情之火。

總之，「活在當下的你」掌管的是「**喜歡**」。**【第一個精神】**「喜歡」是產生願景的第一步，「喜歡」是撥開未知的迷霧，前進重重冒險困難的動力。

其次，「執行概念工作的你」掌管的是概念工作開始的起點。

正在閱讀這本書的你，當你決定要「訂定一個概念」的同時，其實你已經開始在創作了。只是如果你所追求的是已知的好，那就沒有必要訂定概念。

「不管是還沒問世的商品，或者是還沒完全被了解的優勢，我想要做的是誰都沒發現的好商品、誰都沒發現的好服務」，正因為有這樣的願望，才需要概念工作。

也正因為如此，我們說概念工作是一場冒險，前進被未知迷霧所覆蓋的大地，撥開迷霧，拓展世界的一場戰役。

衝鋒陷陣冒險的勇者必須清楚認知未知是存在的，且必須要有迎接**多變情境的勇氣**。別說是其他人能否理解，就算是自己也無法接受的願景，也不可以馬上就說放棄，持續你的熱情去思考概念，才是概念工作需要的人才。有如此寬大心胸正是勇者的精神。

總之，「執行概念工作的你」掌管的精神是「改變」。

【第二個精神】

接著是「簡報的你」從「執行概念工作的你」接收到概念，為了傳達給所有的工作夥伴，你需要各種道具（item）。

概念要訴說的是「未知的好」，因此要讓所有人都認同你要傳達的概念，事實上是件非常不容易的工作。

「簡報的你」必須分析概念中的各個願景，從世界各地蒐集與願景相呼應的各種道具，連結彼此之間的邏輯性關係，創造出一個故事後再傳達給所有人。

無論目標有多麼未知，冒險有多麼魯莽，故事在所有夥伴之間傳開來之後，大家總會齊心一意地開始向前衝吧！**讓所有人都能理解你簡報的概念是個能讓世界變美**

好的方法，也是個能讓大家更幸福快樂的方法，正是「簡報的你」的目的。

總之，「簡報的你」掌管的精神是「理解」。**【第三個精神】**

由於創作活動與每個人的幸福快樂相關，因此「簡報的你」所負責的任務是讓人打從心底「理解」概念，傳達一個能使所有人認同的概念。

最後、「執行企畫的你」承接了故事化的概念後，負責製作商品或提供服務。

正因為我們要實現的是個「未知的好」，製作過程勢必會遭逢許多困難。企畫的成員即使每天面對著許多現實面的問題，也要朝著概念所指示的「未知的好」的目標持續前進。

在將概念變成實際的商品或服務的過程中，在眼前會

「理解」

簡報的你

不斷地出現阻礙，排除萬難最後讓「好的東西」問世，正是「執行企畫的你」的任務。

即使眼前出現一個大家認為根本無法解決的問題，也要堅信概念，堅信「一定可以製作出好的東西」並持續思考就一定能讓未知的好變為有形。

總之，「執行企畫的你」掌管的精神是「完成」。【第四個精神】

企畫的探險在「好的東西」被完成之前會一直存在，因此企畫工作所需要的人才是堅守概念，運用概念，始終相信概念目標——「好的東西」一定能夠完成的人。

綜上所述，四個夥伴各自所掌管的精神如下：

【第一個精神】活在當下的你：「喜歡」

「完成」

執行企畫的你

↓產生願景、共享願景的動力

【第二個精神】執行概念工作的你：「改變」

↓志向在未知的好，持續尋找願景與道具

【第三個精神】簡報的你：「理解」

↓結合願景與道具創造一個故事，點燃夥伴們的熱情

【第四個精神】執行企畫的你：「完成」

↓堅守概念，克服所有的考驗製作出「好的東西」

具備這四個精神，「好的東西」就會離我們越來越近。

但是，有一點請讀者們務必了解，即使備齊四個夥伴和四個精神，並不代表一定能創造出「好的東西」。

很多震憾世界的人氣商品，那些我們從來沒想到過的「未知的好」被開發、被商品化了。就好像一開始他們早就預先知道了一樣。

但讓我們站在開發者的立場想一想，那些我們看到的商品及服務，若追溯源頭，一定是某個人開始決定要「改變」某些事，才會產生的結果。挑戰著對世界的不滿、無窮的慾望、未知的不安、滿腔熱情卻無法傳達的鬱悶和企畫所面臨的現實問題等等，最後總算得以完成創作。

既然對手是未知，就不存在正確或不正確的問題。

概念不可能有百分之百的保證，無論是如何絞盡腦汁所思考出來的概念，在商品（服務）實際被完成之前，肩上背負的不安就不會消失。

在我參與Wii開發製作的那些日子，不安的心情從來沒有消失過，甚至是越接近Wii發售的日子越感到不安。就算終於捱到了發售的前一天，依然全身不對勁，整個胃不舒服得像是要翻過來似的，當時那些不安的情緒到現在仍記憶猶新。

是的，在詳細說明了概念的架構、概念的定義、創作的四個任務及其掌管的四個精神之後……在「向下探索」這一部分的最後一節要告訴各位讀者：**不安的情緒**

並不會消失。

即使一起冒險的夥伴都到齊了，接下來悠悠哉哉地前進並不會到達目標。勇者除了要思考概念、訂定概念之外，還有另一個使命是抵達終點之前在創作的旅途中必須持續地與不安的情緒對抗

無論下決心時有多麼地堅定，在創作的過程難免會迷惘，會有無力感。這時請你回想概念的原點——概念中的概念——「讓世界變好」。

無論任何問題阻擋在我們眼前，只要仍然想讓世界變美好，「世界」和「你」就不會被分開，在概念的最深處，「世界」和「你」已合為一體。

你的幸福快樂就是冒險夥伴所有人的幸福快樂，所以請不要一個人唉聲嘆氣。

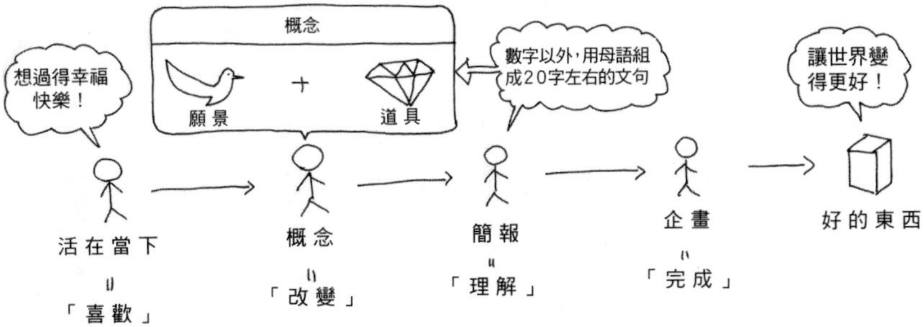

總有一天你會撥開未知的迷霧，溫暖的陽光會照耀你，照耀你的夥伴，也照耀全世界。

在創作的時候，從開始到最後簡直就是一連串的苦難。你的影子一定會不停地向你喊話：「你不是一個勇者嗎？向未知的好前進啊！你這個笨蛋。」

只要始終相信這唯一的「概念中的概念」（讓世界變好）。到最後，前方的道路很快地就會為你展開了。

只要擊敗心中的迷惑，實現概念最後的要點就是**堅信的心**。

這個時候你才成為真正的勇者。

總結概念

概念是透過創作使世界變美好的方法，也是讓你更幸福快樂的方法。

數字除外，用你的母語文字20字左右所呈現的文句。

由率真的想法（願景）和實現概念的方法（道具）組合而成，這未知的好將總結為「以○○來達成○○」的形式。

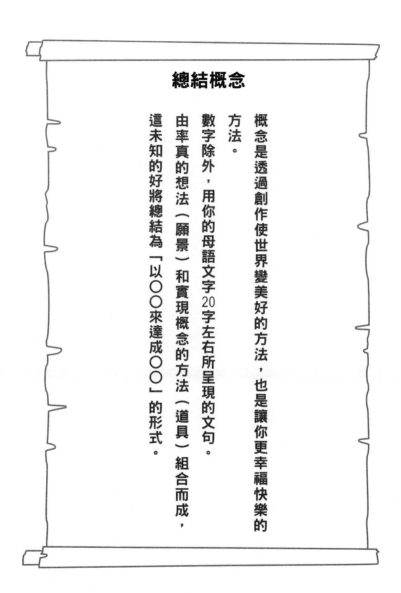

第二部

向上成長——產生概念的具體程序

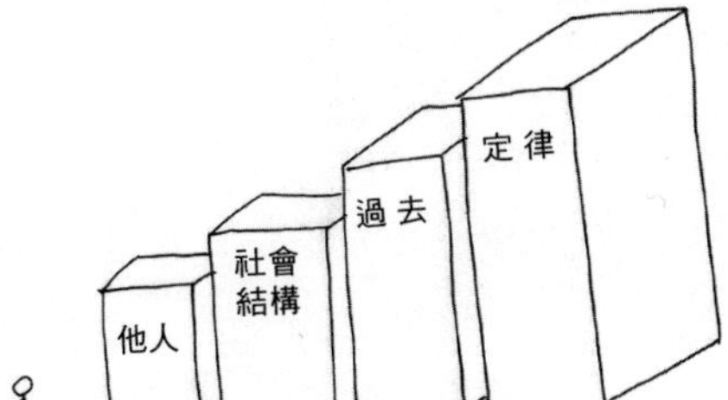

09 從哭聲中誕生——從口出惡言變成「喜歡」

本書已經過了一半，我們也已經抵達概念的最深處。總算要進入生產概念的具體程序了。「向下探索」是冒險的預告篇，也就是要下到概念的最深處去確認概念與創作的關係、概念與「你」的關係。

第二部的「向上成長」要開始真正的冒險，從已知的「好」起身出發，向未知的迷霧前進。

我們先回到任天堂Wii還沒被開發的年代。假設我們接收到一道命令——「開發新世代的遊戲機」，而當我們開始鋪紙握筆展開這個假想的概念工作，追尋實際概念工作流程的同時，我們要一併釐清什麼才是我們真正應該挑戰的對象、探險路上的指南針是什麼？而我們將抵達什麼樣的概念終點？等等問題。

也就是實際概念工作的模擬體驗的部分。

只是這個路程又長又驚險，首先我們已掌握旅程的大致結構，接下來的概念工作可分為以下五大步驟：

1．「喜歡的你」將口出惡言
2．「改變的你」詢問逆轉的問題
3．「理解的你」整理出語言的星座
4．為了「完成的你」創造一個故事
5．跨越四種人格的「影子」

按照這五個步驟一個個前進，就能越來越接近「改變世界的概念」。這在第二部分會依序詳細解說，現在只要將裝了五大步驟的籃子，收進你腦中的一個小角落就可以了。

前進吧！從這裡正式開始！

「向上成長」的第一個考驗

以下要說的概念工作方法，當然一個人也能完成，但如果你只有一個人來完成概念工作，也要盡可能多召集一些夥伴一起思考概念。就算你能找到的夥伴只有一個人，起碼一路上可以一起冒險、一起壯膽。

在概念工作的旅途上，除了了解「喜歡」、「改變」、「理解」、「完成」四個精神之外，也要清楚地理解其各個特性。因此，光只有一個人要完成概念工作會有點辛苦。

此外還有一個重點，當兩個人以上一起執行概念工作時，最後思考出最佳概念的人不一定非得是你自己不可，你是帶領所有冒險夥伴抵達概念終點的領導者，但最終概念的創造和完成是全體夥伴一起進行的工作。

你必須做的工作只有一個：

給執行概念工作的夥伴們鼓勵和安心感。

這是身為勇者（領導者）的最大使命，即使完成了概念，大家不安的情緒也不會就此消失，因此執行概念工作時更需要鼓勵，更需要安心感。

你只要適時地和你的工作夥伴一起思考，一起煩惱，給他們激勵就可以了。

在執行概念工作時，除了夥伴沒有其他人可以依靠，就像是在荒野中不停前進一樣，越接近未知的迷霧越有可能受傷，也越有可能絕望。在這樣的冒險旅程中，你的工作士氣和熱情關懷將會對前進中的夥伴們起無比的激勵作用。

好！我們馬上準備探險所需要的工具，需要的工具只有四項：

大桌子、便利貼、Ａ４紙和筆。

只要備齊了上述四個工具就能創造出改變世界的概念。

首先先聲明，從這裡開始的假想概念工作都是我的思考過程，從頭至尾讓你重新再體驗這趟冒險旅程的同時，一起瞭解概念工作的重點。

讓我們一起開始概念的工作吧！

任務：開發新的家用遊戲機以擴大遊戲的人口。

概念工作的主題是為了公司「擴大玩家人口」的概念，必須開發新的家用遊戲機，除此之外沒有其它限制。看到這個任務的瞬間，我腦裡突然閃過一陣不安。

也就是要開發「新世代遊戲機」……「新世代」雖然聽起來很酷，但究竟該怎麼做才能達成，是個很現實的問題。

確實我們公司很認真地在做，但其它公司的力量也不小。

我在召集概念工作夥伴時，心裡其實沒有明確的答案。很害怕讓夥伴們知道我心裡沒有明確答案，很害怕企畫案做不出來，該如何才能擺脫這樣沉重的壓力呢？

但是這些不安的情緒如果說出口……也許會讓一起思考概念工作的夥伴們感到厭惡，也許會流失得來不易的機會。還是手機遊戲開發部門比較好，遊戲地點和遊戲年齡層都不受限，似乎比較容易挑戰……遊戲機的功能隨便想想就有幾十個，但不論是哪個都略嫌不足，缺乏一個決定性的道具。

真的好害怕……

在無法預知明天會怎樣、飽受折磨的心情下，我走進了會議室，在這「探險的酒吧」裡集合了所有工作夥伴。大致環顧所有工作夥伴，當天召集的是以下六名：

・資深老大姐　美紅
・天真無邪的後輩　葉月
・單純的後輩　真白
・我優秀的同期　黑助
・有勇氣的新進員工　米吉
・「我」＝本書作者　玉樹

我敢說心情七上八下、忐忑不安的人不只是我，所有人應該都很明白新世代遊戲機這麼大的企畫案不可能輕輕鬆鬆就能做得出來。

「他們會問我什麼呢？心裡極度不安……」

「他們如果問我有什麼好主意嗎？我該怎麼回答……」

在集思廣益的空間裡，每個人多多少少都會有點壓力吧！

在如此凝重的氣氛當中，就算我說「什麼都可以，請盡量發言」，參加的人反而會覺得困惑吧！就跟眼前的這個我感到「害怕」一樣。因此我決定用上我每次思考概念時用的絕招。

讓工作夥伴們從「創造好商品」的壓力中解放正是我的使命，就先從製造一個探險酒吧的氣氛開始吧！

當我決定相信我的夥伴們後，說出了開場白。

◆

玉樹：「大家好！我是今天的會議主持人玉樹真一郎，我

們大家一起想一想今天的會議主題——『為了擴大玩家人口的新世代遊戲機概念企畫』。午休剛結束，大家可能還昏昏沉沉的，我們就輕鬆愉快地慢慢討論，麻煩各位了！

雖說如此，真的很困擾，老實說……我自己都很不安，我甚至想過我們真的能完成這個任務嗎？我猜大家一定也這麼想過吧！但好不容易召集起來的工作夥伴，我們至少要一起開心工作，因此我設定了一個規則，請大家務必遵守。

規則1：可自由發言，但不可否定夥伴的意見

首先，就跟平常在居酒屋閒話家常一樣，讓我們先從一些閒聊的話題開始吧！就先請問美紅姐！美紅姐，你『最喜歡的味道』是什麼？」

美紅：「啊～忽然這麼問，我也……味道啊？嗯～水果的香味吧！像是葡萄柚柑橘類的香氣！這樣回答可以嗎？」

玉樹：「當然可以啊！這就是為什麼我希望大家想像置身在喝酒的地方，因為柑橘類的味道會讓頭腦更清楚！」

米吉：「如果是香水的話，我喜歡白麝香的味道，感覺有點神祕，有點……」
真白：「我也喜歡！大家不覺得麝香有一點香瓜的味道嗎？」
玉樹：「那個～『麝香』是什麼啊？」

……大概就是這樣，我們先討論一些跟主題完全沒有關係的話題，半推半就的把大家拉進喝酒的氣氛裡，如此的問題也許還不錯。

玉樹：「再問大家一個問題『如果要去一座無人島，你會帶什麼東西去？』」
黑助：「是我的話，我要帶醬油！任何東西只要淋上醬油就能吃了。」
葉月：「啊！我懂，我懂，很方便耶！但如果說到方便，帶一個人一起去是最方便的吧！」
美紅：「對啊！你就打算帶個人去當傭人吧？」
葉月：「才……才不是這樣的啦……」（汗）
玉樹：「原來葉月喜歡使喚別人啊！」（笑）
米吉：「我想她的意思我也懂！無人島那麼恐怖，一個人的話一定很害怕，如果有個人一起的話，晚上才睡得著嘛！」

真白：「米吉，這樣不行啦！一定要有覓食的方法，否則會餓死喔！」

玉樹：「哎呀！真白，你忘了，不可以否定夥伴的意見啊！」

真白：「啊～我忘了，不好意思！」

像這樣半開玩笑的討論，至少我們觸及了概念工作的第一個規則。

好歹這也是概念工作開始後的第一步，在這個時點最重要的就是**放鬆夥伴們緊張不安的情緒**。將會議室裡死氣沉沉的氣氛變成輕鬆開朗的酒吧氣氛正是身為勇者的你的使命。

說到暖場話題，我常用的話題還有「不堪回首的青春回憶」、「最近令人開懷大笑的事」、「自己最喜歡的角度」……雖說是一起探險的夥伴，但大家都才剛走進概念工作的會議室裡，都還不知道彼此之間在想什麼，光靠幾句話就要讓大家放鬆並不容易。

我常用的話題還有：

玉樹：「有人聞過『耳朵後面的味道嗎？』用手指在耳朵後面摩挲幾下後聞一聞，那簡直就像是……小狗身上的味道。（汗）還記得在讀大學的時候，曾經有二、三天沒洗過澡，突然間自己聞一下，那味道簡直就是嚇死人了，害我一個人在房間裡笑倒在地。而從那之後，我整個人沮喪了好久……這到現在在我心裡還是個陰影。（笑）」

這個話題丟出去之後，一定有人開始摩擦自己的耳後想聞一下自己的味道，相反地，也一定有人開始大聲嚷嚷地說「好噁心啊！」這絕對是一個能馬上炒熱氣氛的好話題。

這些事寫成文字後又開始覺得難為情，但無論用什麼方法就是要把氣氛炒得像是在酒吧一樣輕鬆自在。**必殺絕技是「先說自己的糗事」**。

酒吧的氣氛有了，於是我們終於要進入主題了。

玉樹：「好了，都不要再摸耳朵後面了。（笑）我們開始今天的主題吧！『新世代遊戲機』，光聽到這幾個字就很讓人傷腦筋，其實我心裡也很不安，所以我們開始毫不保留的說人壞話吧！把一肚子的不高興都說出來，例如：『我們的競爭公司很厲害喔！』『真羨慕S公司！』『我們公司……完全行不通的啦！』等等之類的話題。並沒有任何人在偷聽，所以請大家盡量的說壞話！」

像這樣讓大家盡情發言也可以緩和夥伴們之間的氣氛。

在這裡的重點是，不要客觀整理過的想法，而要個人主觀的想法，尤其是**一吐為快的壞話**。在這個階段，千萬不要期待會出現正確的答案，或是對問題有正面的處理態度。現在所有人應該把自己所想的事、所感受到的不快全部坦白說出來。

這個步驟的目的是，收集並共享夥伴們彼此心中的那個「活在當下的你」所吐出的坦率心聲。

只要收集每個人的坦率心聲，大部分的偏執想法也會跟著浮現，而這些**偏執的想法才是最重要的**，當下認為的「偏執想法」也許就潛藏著我們夢寐以求的「未知的好」在其中。

當時推出Wii的時候，甚至有人說：「任天堂是瘋了嗎？」大家是這樣形容Wii的：「最近新推出的單手操控的遊戲手把，主機長長直直的，讓人搞不清楚的遊戲硬體……。」任天堂是遊戲業界的龍頭老大，像這樣打破傳統的「異類遊戲機」Wii為遊戲業界帶來非常大的衝擊。

含有「未知的好」的商品及服務往往讓人一開始難以接受。在今後的概念工作上也一樣，就光憑現實、客觀的想法一定會出現讓人無法接受的奇特意見。但是，如果這樣就把氣氛搞壞的話，總有一天我們將會被不安的情緒給擊敗。

因此，你的任務就是讓夥伴們放鬆，讓夥伴們從必須認真面對主題的束縛中得到解放。隨時留意氣氛的停滯感，你自己也要從束縛中得到解放，「活在當下的你」說出來的率真想法一定能帶領夥伴們繼續前進。

當決定坦率地說出從過去到現在對遊戲機的不滿後，讓我們回到概念的冒險旅程。

玉樹：「接著是概念工作的另一個規則。」

規則2：大聲清楚地發言，用黑筆寫在便利貼後放在桌上（便利貼以7公分的正方形，顏色統一者為佳）

概念工作首先要做的是，競爭公司有什麼地方讓人很羨慕，自己公司有什麼地方還不足夠，對於這個業界的所有壞話全部都一吐為快。即使只是個小小的抱怨，也許只有我一個人這麼想都無所謂。好吧！從我先開始。

以下是我個人的經驗談。

我在玩遊戲時會關上窗戶、準備飲料，布置一個完全投入的環境，讓自己專心開始玩遊戲。平常如果打開電視的話，綜藝節目的笑聲和廣告裡熟悉的歌聲就會自然而然傳進耳裡，就是很熱鬧。但遊戲開始時整個空間卻是鴉雀無聲。

當全黑的畫面上只顯示「錄影1」時，你不覺得全世界都變暗了嗎？總覺得好像與世隔絕一樣，覺得好孤單。那種孤單的感覺就是玩遊戲時最大的障礙，好不容易提起勁要來開心地玩個遊戲，為什麼要承受這種孤單的感覺呢？」

我垂頭喪氣地在便利貼寫下「玩遊戲好孤單（錄影1）」後，放在桌上。然後，半年前才剛結婚的黑助一臉無奈地開口：

「我老婆啊～超討厭遊戲，前幾天她才對我說教了一番：『錢要花在遊戲上，不如存起來』然後我的零用錢就變少了。哎呀！也許我不算是個好丈夫，但我唯一的樂趣就是遊戲，真希望她能睜一隻眼閉一隻眼。如果我老婆也能愛上遊戲，我們就能一起玩了……一個人在家玩遊戲真的很孤單。」

美紅：「說來說去，我們也是因為喜歡遊戲才會聚在這裡啊！」

米吉：「有人討厭遊戲，聽起來真是孤單啊……」

玉樹：「黑助玩不玩電腦遊戲啊？玩電視遊戲可能要得瞞著老婆玩，但電腦遊戲不是可以偷偷地玩嗎？」

黑助：「是啊～最近也玩一些線上遊戲！」

米吉：「該不會是最近推出的那個開發費用花費數十億日圓，外觀看起來很棒

的那個遊戲吧？」

黑助：「沒錯！沒錯！一不小心就會變成線上遊戲廢人（荒廢了正常生活作息，成天專注在線上遊戲的人）。那個真的很糟糕，很難戒掉。」

美紅：「最近遊戲（影像呈現）的生動和寫實真的很厲害耶！應該要花不少錢吧！」

米吉：「核心的那群遊戲玩家應該很注重影像的呈現。其實不只是電腦遊戲，看了其他競爭業者的遊戲機操作性能後，會讓人卻步。勞心勞力開發生動寫實的遊戲大賣之後，顧客的要求就會跟著提高。因為遊戲業者創造了歷史新頁，所以我覺得如果我們不跟上消費者需求的步伐，就無法創造出叫好又賣座的遊戲。也是因為這樣的潮流，大家總是在遊戲機的操作性能上相互競爭吧！」

葉月：「我覺得我們公司在這方面好像不太擅長耶！」

美紅：「資源（人、物、財）的確不容易，現實是殘酷的……若要以財力決勝負就太恐怖了。」

真白：「我看過網路傳言說的那個競爭對手的新機器，功能真的太厲害了，我看得眼花撩亂……」

在這樣一來一往當中，很容易就忘了將發言寫在便利貼，一定要非常小心地進行概念工作。因為幾分鐘後忘得一乾二淨的發言中，說不定會有一些暗示。

下列是我們寫下的便利貼：

「老婆討厭遊戲」、「我超喜歡遊戲」、「我不希望遊戲被排斥」

「我也在玩線上遊戲」、「線上遊戲廢人」、「生動寫實的遊戲大作」

「遊戲玩家們喜歡生動寫實的影像」、「競爭公司的遊戲擁有高操作性能」

「遊戲的操作性能常被比較」、「遊戲是財力的較勁」

總覺得漸漸陷入負面的氛圍裡，到這裡你該留意的並非如何停止負面的氛圍。就好像在酒吧裡七嘴八舌地抱怨上司一樣，就算是**負面的話，只要聊得開心就好**。會議主持人必須注意，不要勉強帶領大家進行一場正面的發言。

玉樹：「競爭公司真的是個很可怕的對手耶！」

葉月：「但是，即使花下大筆資金開發的遊戲，在討厭遊戲的人眼裡被看做是『**遊戲腦**』[1]，真讓人感到絕望！」

米吉：「『遊戲腦』的說法究竟是不是真的啊……？說真的，透過遊戲跟小孩有良好互動，應該也不錯啊！在公園裡的遊玩也會讓人萌生競爭心，何必一定要針對機器遊戲呢？沒有得到公平的對待，真令人討厭！」

玉樹：「說得太好了。米吉！趕快寫在便利貼貼在桌上！」

米吉一邊笑著一邊寫下了下列的便利貼：

「不要再說『遊戲腦』了」

「用遊戲互動」

「培育小孩的競爭心」

即使夥伴們說的盡是一些抱怨、壞話等負面訊息，也要**肯定**他們，**原原本本地接受**他們的意見。就算那些並不適合世界也要接受。因為讓夥伴們說出他們真正的心聲是身為領導者的你的責任。所以你自己也快點加入這個說

譯註[1]：二〇〇二年在日本曾有一本著作《遊戲腦的恐怖》在出版後造成相當大的話題，此後日本的各大媒體更以「小心電腦遊戲玩太多，會變笨哦！」等標題大肆報導，對遊戲之相關討論影響極大；此書的中譯版書名為《小心玩電腦》。

壞話大會吧！

放任夥伴們說出心中的喜好厭惡，促進並接受這場坦率的發言。

但是，無論說得多麼開心，氣氛炒得多麼火熱，一定不要忘了寫在便利貼上！隨時都可以插句話說：「現在的這番話不錯，讓我先寫一下！」插入話題的重點，並像切片一樣，切下一張張的便利貼吧！剛開始也許會有些不習慣，但當不知不覺中桌上貼滿了一張張的便利貼後，會覺得很有成就感。

其實每個人都想說些壞話，但在社會上生存，為了不被人討厭，與人的應對進退必須要像個成熟的大人……像這類無意識的限制，會讓人變得不敢說別人壞話。

概念工作

步驟一

競爭公司有什麼讓人很羨慕的地方、自家公司有什麼不足之處，將這個業界的所有壞話全都一吐為快。

我們先告一段落，整理剛剛寫下的便利貼吧！

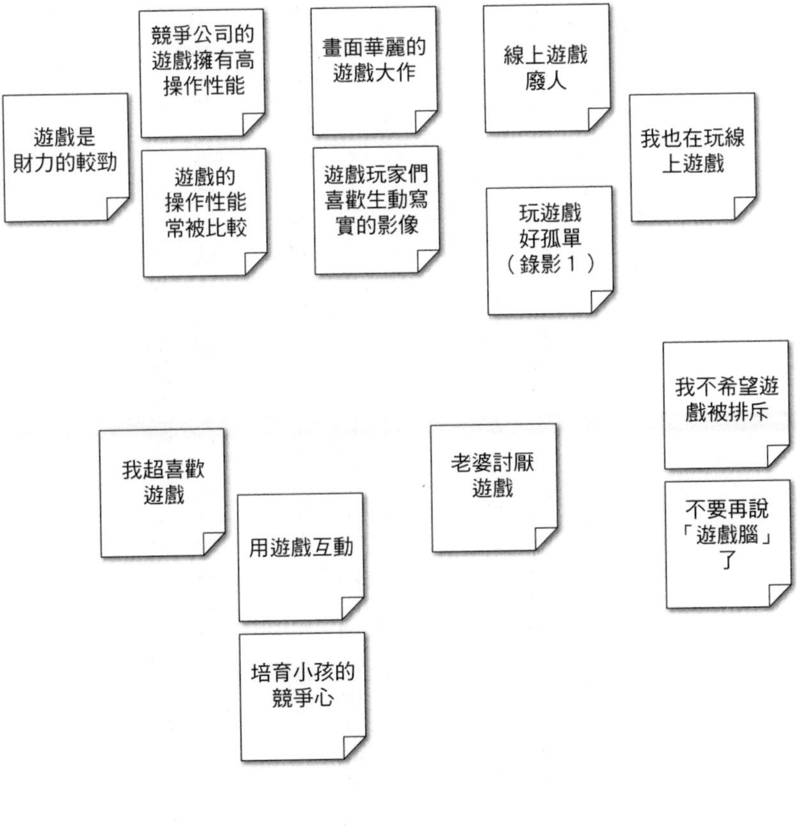
遊戲是財力的較勁
競爭公司的遊戲擁有高操作性能
遊戲的操作性能常被比較
畫面華麗的遊戲大作
遊戲玩家們喜歡生動寫實的影像
線上遊戲廢人
玩遊戲好孤單（錄影1）
我也在玩線上遊戲
我超喜歡遊戲
用遊戲互動
培育小孩的競爭心
老婆討厭遊戲
我不希望遊戲被排斥
不要再說「遊戲腦」了

在冒險的酒吧裡，夥伴們打從心裡說出了最率直的壞話時，心中的遊人也開始出動了。

無論是誰用壞話表達他的心願，其實在那個壞話裡有著那個人迫切的願望，而那個**迫切的願望正潛藏著讓人喜愛的強大力量**……首先先這麼想就對了。

現在排列在眼前的這些壞話，今後又會如何的運用在概念工作上呢？誰也不知道。這樣的狀況也許也讓人又開始感到忐忑不安，但是，也許夥伴們當中誰心裡的能量——「我真的好想讓世界變成那樣喔！」「我只是沒說，其實我也很想這麼做的！」「我也是……！」全都被激發出來了。

重要的不是一個個的發言，而是從心底湧上的那個「活在當下的你」的力量。

就像小時候擁有的那顆赤子之心、**率直的想法**。那些終究會變成願景，會將被困在已知的好的我們輕輕地拉上來，帶領我們前往未知的好。

順流而下，讓我們全力往探險的大地前進！

10 搗蛋鬼的智慧——逆轉的「改變」

呼朋引伴來到冒險的酒吧裡，一一確認了概念工作的規則之後，鼓勵夥伴讓夥伴們從不安的情緒中跳出。這些方法都已經在步驟一「口出惡言」中介紹過了。

乍看之下，總覺得盡是些沒效率的方法，但坦率的交談製造了讓夥伴們能輕鬆接受的氣氛，**也讓夥伴們心中沉睡的那個「活在當下的你」甦醒**，在冒險的地圖上可以隱約看見「未知的好」的出現……就是這樣的情況。

桌上散了一堆未來可以帶領我們到「未知的好」的壞話，而此時你應該要有的態度是感謝那些滿口壞話的夥伴，並讚揚他們的勇氣。

竭盡所能地說出所有的壞話，但如果到了「已經想不出來了」的地步，就繼續前往下一個步驟吧！

到目前說出來的壞話，可謂是冰山的一角，已經想不出來的壞話就好像是沉睡在水面下的冰，也許就在想不出來的事裡隱藏了些什麼。

「向上成長」的第二個考驗

我們要詢問一些「逆轉問題」來找尋冒險的盲點。

看著一桌子的壞話，很容易就會讓人想「將這些壞話轉換成正向的思考」，但如果我們又要勉強自己做一些有建設性、有效率的正向意見發表，夥伴們就不再繼續說那些寶貴的壞話了。因此，你在這個步驟必須要做的是將壞話放到最大。

意圖逆轉、放大夥伴們的意見，我想只要知道方法任何人都能做得到。並不是聰明、智慧、感覺、技巧等曖昧的方法，而是非常具體且可執行的技術。

首先，在這次的概念工作中，看看我用什麼方法著手「逆轉問題」（逆轉問題的詳細解說和應用方法請見後述的專欄1）。

一眼掃過滿桌子的壞話，感覺到一股不尋常的光環，我的眼光落在寫著「不要再說『遊戲腦』了」那張便利貼。

喜歡遊戲的同好們聚在一起的酒吧，這個地方的存在已經完完全全被這句話給否定了，而在這句話的背後應該壓抑著更多的壞話……這麼一想，我緩緩地將手指指向這張便利貼。

玉樹：「中場休息結束，我們繼續！以已寫好的便利貼為準，我們繼續增加便利貼，方法就像剛才一樣提出意見寫在便利貼上面。

在此再增加一個規則：

規則3：意思相近的便利貼放在一起，意思不同的便利貼放遠一點。

如果我們繼續增加便利貼，就會出現一些意思很類似的內容，這個時候我們就把它們放在一起，相反地，意思完全不同的便利貼就分開放，放遠一點。

讓我們先拿其中一張試著再新增相關便利貼！大家對『遊戲腦』有什麼想法？不合乎邏輯沒關係，未經深

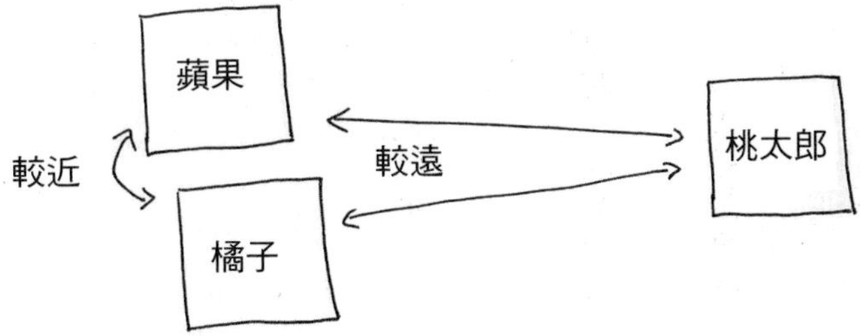

思熟慮的想法也沒關係，想到什麼就說什麼……就算是想說『遊戲腦』這個字眼也太超過了……也可以。」

黑助：「這個詞是不是就是把遊戲說得好像是千古罪人一樣啊？」

此時，米吉正用他的智慧型手機搜尋「遊戲腦」。

米吉：「這是從腦科學的觀點所做的推論，好像是有科學根據的耶！在二〇〇二年左右開始的話題，指出遊戲基本上可能會對人帶來不好的影響。」

真白：「如果都用到『科學』了，我們也只能回答『是喔』……」

玉樹：「如果『遊戲腦』是事實，論點也都百分之百正確的話，那我們是不是就沒有將來了呢……」

這句話並不是我內心的遊人所說的坦率意見，而是在我心裡掌管著「改變」的勇者有意逆轉情境的發言。

我企圖使交談更熱烈，因此〈將「遊戲腦真的有科學根據嗎？」等未經證實的曖昧問題，**硬生生地將觀點逆轉成「遊戲腦是有科學根據的事實」**〉。

夥伴們剛剛才認為「遊戲腦」的觀點是「不可信」的，現在我卻又強迫他們接受「遊戲腦」是「事實」的想法，我真是惡意刁難人啊！但是，將曖昧不明的說法逆轉成斷定的說法才能確保夥伴們不會轉移焦點，討論也才會有更廣闊的新展開。

美紅：「嗯～那我們的工作就沒有意義了耶！」

真白：「嘴上說著『遊戲腦』的人一定是相信那是個有科學根據的事實，才說出口的吧……」

黑助：「這麼說來，會認為那是有科學根據的人，幾乎都是不玩遊戲的人。」

玉樹：「嗯……可能性很高喔！那我們換個立場想一想，會說『遊戲腦』這個詞的人，他們是對著誰在說的呢？」

就像刑警在進行偵訊調查一樣，仔細地問出所有的狀況。

我們還不知道突破點在哪裡。

黑助：「是對著玩遊戲的人說的吧？」

玉樹：「不玩遊戲的人對著愛玩遊戲的人說的話就是『遊戲腦』」

在此，企圖使交談更熱烈的方法是〈**逆轉立場思考問題**〉，不追究「遊戲腦」

是否正確，而是討論「遊戲腦」是誰說的話。

美紅：「加以想像的話，腦海裡浮現的是一個人悶悶不樂地玩著遊戲的樣子耶！就像是有個小男生坐在電視機前面盯著螢幕前傾上身玩著遊戲一樣。」

玉樹：「確實有看過這樣的景象！」

黑助：「以父母的立場來看，遊戲簡直就是個眼中釘，不但剝奪了小孩做功課的時間，浪費電又不健康，一點好處都沒有！」

我們再繼續討論喜歡遊戲的話題，先將剛才的壞話寫在便利貼上：

「小男生一個人盯著螢幕」
「遊戲會剝奪讀書的時間」
「遊戲很浪費電」
「遊戲對健康不好」

米吉無精打采地寫著便利貼，忽然間眼睛為之一亮……

米吉：「啊～對了！就是因為一個人玩，才會被說成什麼『遊戲腦』！就算是上網和某個人對戰，玩家他還是一個人面對遊戲機，還是會被批評為『遊戲腦』，因為旁觀者看到的永遠都是一個人苦悶地面對單人遊戲機在玩遊戲。問題並不在於實際上是幾個人在玩遊戲，重點是幾個人坐在遊戲機前面！」

彷彿微微地吹來一陣令人舒服的涼風，我壓抑著高亢的情緒，冷靜地把想到的事記在便利貼上後繼續討論。

「看起來像是一個人在玩遊戲」

「單人遊戲」

葉月：「之前回老家的時候，和姪子的朋友一起玩了瑪莉歐賽車（Mario Kart），很激烈，連我大嫂也跟著一起湊熱鬧，當時完全沒感覺什麼是『遊戲腦』。即使如此，玩瑪莉歐賽車已有十年資歷的我竟然輸給一個乳臭未乾的小學生，真是鬱卒……」

黑助：「對啊！一陣子沒玩，功力就會退步耶！以前我也常和朋友、弟弟一起玩計時攻擊遊戲（Time Attack）和記分攻擊遊戲（Score Attack）。對戰遊戲總是讓人無法停止，反觀一個人玩的遊戲，過關了就不想再玩了。」

美紅：「原來黑助家裡有個弟弟啊！那～那大家覺不覺得家裡有兄弟姐妹的人玩遊戲比較厲害？」

米吉：「也許是耶！如果是獨生子女的話，除了和朋友一起玩遊戲之外，玩遊戲的對手就只是電腦上的程式，而那些程式在某個程度上已經是既定的了。反過來說，對手如果是真人的話，就不是既定程式，比較複雜，比較不容易贏。所以，我們應該可以說如果平常就有玩遊戲的對手的話，玩遊戲的功力就會比較厲害。」

便利貼不停地增加中。

「有競爭，遊戲就會繼續」

「有真人對手的遊戲比較複雜」

大家好像開始享受「逆轉」的感覺，我們就再繼續逆轉下去吧！

這次我們丟一個逆轉問題——〈**完全相反的形象**〉。

玉樹：「總覺得『遊戲腦』的形象已經越來越清楚了……那麼和『遊戲腦』恰恰相反的形象是什麼呢？」

真白：「一個小男生專注玩遊戲時，大致上都是面無表情。我老哥也是啊！平常總是笑笑的，一玩起遊戲就完全沒有表情。」

米吉：「『遊戲腦』說的就是獨自玩遊戲的情形吧？也就是說，像真白的哥哥一樣毫無表情獨自玩著遊戲，應該就是所謂的『遊戲腦』吧！」

葉月：「意思就是說，只要一邊笑一邊玩遊戲，就不是『遊戲腦』了嗎？可是……一邊笑一邊玩遊戲，旁人看起來感覺怪怪的吧！」

美紅：「還有，身體完全不動耶！像是一尊大佛一樣一動也不動！一個人玩遊戲時動的大概只有指尖吧！因此，反向思考的話，身體動起來就是『遊戲腦』的相反形象吧！」

黑助：「不錯耶！身體動起來！另外還有過度專心，別人叫他卻聽不見也像是『遊戲腦』。經常媽媽在大叫晚飯好了喔！玩遊戲的人卻完全沒聽見，繼續玩遊戲，甚至讓媽媽生氣說『不給你吃了喔！』這樣連周圍的聲音都聽不見就不好了……」

再繼續增加便利貼，因為「逆轉」問題，整個氣氛被炒得很熱，而且便利貼一口氣增加了好多好多，那真是一種無法形容的快感。

「一邊笑一邊玩遊戲」
「讓身體動起來的遊戲」
「聽得見周圍聲音的遊戲」

美紅：「可是~怎麼說呢？男生玩遊戲時面帶微笑就算是讓人覺得噁心就算了，如果沒有辦法讓女生們一起開心加入遊戲戰局，那還是白搭，她們一定還是覺得——這些男人就是所謂的『遊戲腦』啦！」

葉月：「對啊！對啊！還會說看起來好沒精神啊！玩遊戲的孩子就是看起來很

沒精神！」

玉樹：「哈哈哈（苦笑）確實沒精神就是『遊戲腦』的壞形象，原來如此！」

「女生也開心玩」

「看起來有精神的遊戲」

在「遊戲腦」一詞的背後竟然隱藏了這麼多的想法。

其它的便利貼我們也試著逆轉看看，緊接著遊戲腦的下一個重要主題，映入我眼簾的是「老婆討厭遊戲」。由於總覺得很難讓女性同胞們將她們的視線轉向遊戲畫面，所以我拿起了這張便利貼。

玉樹：「如果女生也能開心玩遊戲，也許就可以解決『老婆討厭遊戲』的問題了！」

黑助：「不行，不行啦！我家老婆超討厭遊戲，如果勉強建議她一起玩遊戲，一定會吵架的，遊戲對我來說簡直就是婚姻的危機。」

我一邊在便利貼寫下「遊戲是婚姻危機」，一邊認真思考著**逆轉的方法**。

玉樹：「『老婆討厭遊戲』的相反是什麼？老婆喜歡什麼呢？」

黑助：「料理吧！每天做菜都不覺得累，最近她常常做肉丸，好像還每天在研究不同的醬料耶！」

真白：「是喔！該不會是自己燉煮醬料吧？」

黑助：「對對，她說她喜歡聽鍋裡噗嚕噗嚕滾煮的聲音。」

真白：「真好！我最近也在試著做好吃的漢堡肉，醬料真的有無限發揮的可能性！另外，漢堡肉用平底鍋煎或用烤箱烤，味道會不一樣喔！而且用水蒸煮或不加水慢慢烤，味道也會不一樣！漢堡肉要用牛肉、豬肉，或是牛豬混肉，我常常要想很久……」

真白很喜歡做料理，所以一說到料理她就話匣子就開了。聽起來好像跟我們的主題沒什麼關係，但我們還是仍然寫在便利貼上，心想也許可以把遊戲和料理做個連結。

「老婆喜歡下廚」

「喜歡噗嚕噗嚕滾煮的聲音」

「漢堡肉的道理很深奧」

隱隱約約好像聽到煎漢堡肉吱吱的聲音，氣氛很柔和。另一方面，身為冒險領導者的你必須在背後偷偷地推敲逆轉的問題。但在說不出話來的時候，就算是無聊的玩笑話，也總得先說出來充充場面，偶爾會意外地接上話題並擴大話題也說不定。迫不得已的我半開玩笑地試著丟了一個逆轉的問題——**〈乍看之下不相關的便利貼如果組合在一起會變怎麼樣呢？〉**

玉樹：「也許聽起來有點無聊，但如果在遊戲機裡加進醬料滾煮噗嚕噗嚕逼真的聲音，不知道會不會大賣喔！」（笑）

米吉：「也許有可能，但想起來還蠻恐怖的……若依照一般的想法，正因為某些東西是料理有、遊戲卻沒有，所以女生才沒辦法熱衷在遊戲裡的吧！例如，料理有助於美容之類的。」

黑助：「對耶！為什麼要自己煮飯做菜，就是因為比較健康啊！對家人也健康，對自己也健康。」

葉月：「對啊！我昨天聽到對皮膚好的料理，就在家自己做豆漿火鍋，還放了很多青菜！」

黑助：「唉呦！肚子都餓了……好想吃火鍋喔！」

真白：「嗯～我今天想吃大阪燒！好想看看部門裡謠傳的米吉『帥氣三連翻』喔！」

美紅：「啊！我也沒看過，那大家今晚就一起去吃大阪燒吧！以大阪燒為目標，加油！」

玉樹：「好！那我就以清酒為目標努力工作！先把我們說的都先寫下來。」

「為了健康自己做飯」

「親自下廚維護家人的健康」

「豆漿火鍋很好吃」
「火鍋要放很多青菜」
「帥氣翻大阪燒」

玉樹：「這樣整體看來，花時間自己做飯對自己的身體有益，對家人的身體也有益，所以女生根本沒有時間去接觸遊戲，對吧？」

葉月：「我很怕麻煩，基本上雖是自己做飯，但我都是草草率率就結束，因為想要留點時間玩遊戲啊！要花很多時間做的料理，我都不太擅長。」

黑助：「這麼說來，我老婆也是耶！她偶爾會趁著鍋裡正在燉煮東西時拿起手機玩一些像是俄羅斯方塊的益智遊戲。」

米吉：「手機裡的遊戲大多數是一些小遊戲，我不太玩耶……因為我是個徹徹底底的遊戲玩家。但反過來想，對太太們來說簡單的小遊戲反而容易上手，也比較能開心地玩吧！」

便利貼順利地增加中……

「不做太麻煩的料理」

「打發時間時拿手機玩俄羅斯方塊」

我們要再強制性地試一個逆轉問題——〈**現在討論中的話題，硬是換成別的主題再舉些例子看看**〉。

剛才討論的兩大問題是「料理」和「遊戲腦」，交換這兩個主題再提一些問題。

玉樹：「被叫做『遊戲腦』的遊戲，說的大多是一個人沉溺在遊戲裡的印象。若是要用料理來舉個例子，什麼樣的料理像是所謂的『遊戲腦』料理呢？舉例來說，燉肉丸用的醬料算是『遊戲腦』料理嗎？」

美紅：「不是吧，因為那是親手做的，對身體健康很好啊！『遊戲腦』指的是對健康有不良影響，吃越多對身體越不好的料理才是『遊戲腦』類型的料理，例如含有防腐劑或其它添加物的速食食品之類的！」

葉月：「一個人大半夜還在玩遊戲的小男生確實是幾乎每天吃速食食品。」

米吉：「對啊！雖然對速食食品廠商很抱歉，但這些印象都是根深蒂固的！」

黑助：「這麼一說，那麼棋盤類的遊戲（在桌盤上玩的骰子、撲克牌、象棋等多人面對面一起玩的遊戲），就像是火鍋或燒肉類的食物吧！」

聽著大家的對話，真白將之記錄在便利貼上，保守派的她看著桌上的便利貼感覺好像有什麼話要說似的。

「像泡麵一樣的遊戲」

「像火鍋一樣的遊戲」

這些冒險的夥伴們，雖然餓著肚子還是繼續著概念工作。

在這一章「逆轉」的目的是要引導出夥伴們沒說出口的壞話、隱藏的想法和訊息，並將那些壞話最大化。在捍衛冒險夥伴的同時，收集很多很多的壞話便利貼以尋找提示來接近未知的好。

但是，有一點必須要留意，在詢問逆轉問題時，**絕對禁止帶有結論性質的提問**。你提問的意圖必須只是「用問題扭轉話題並增加新的見識」，不可以用你預先設想好的結論刻意誘導夥伴。

勇者掌管的是「改變」的精神，而不是誘導結論。所以，**若你自己本身不加以改變就沒有意義**。

結論進行到概念工作的第五步驟就會自動產生。在第一步驟只要以一個玩家身份坦率地發表自己的意見，而在第二步驟只要以一個勇者的身份努力「改變」就好了。

概念工作

步驟二

籠罩強烈的負面光環，寫下許多壞話、挑選壞話、收集更多的壞話，並投下逆轉問題以增加便利貼。

至此貼滿桌面的便利貼如下頁圖示：

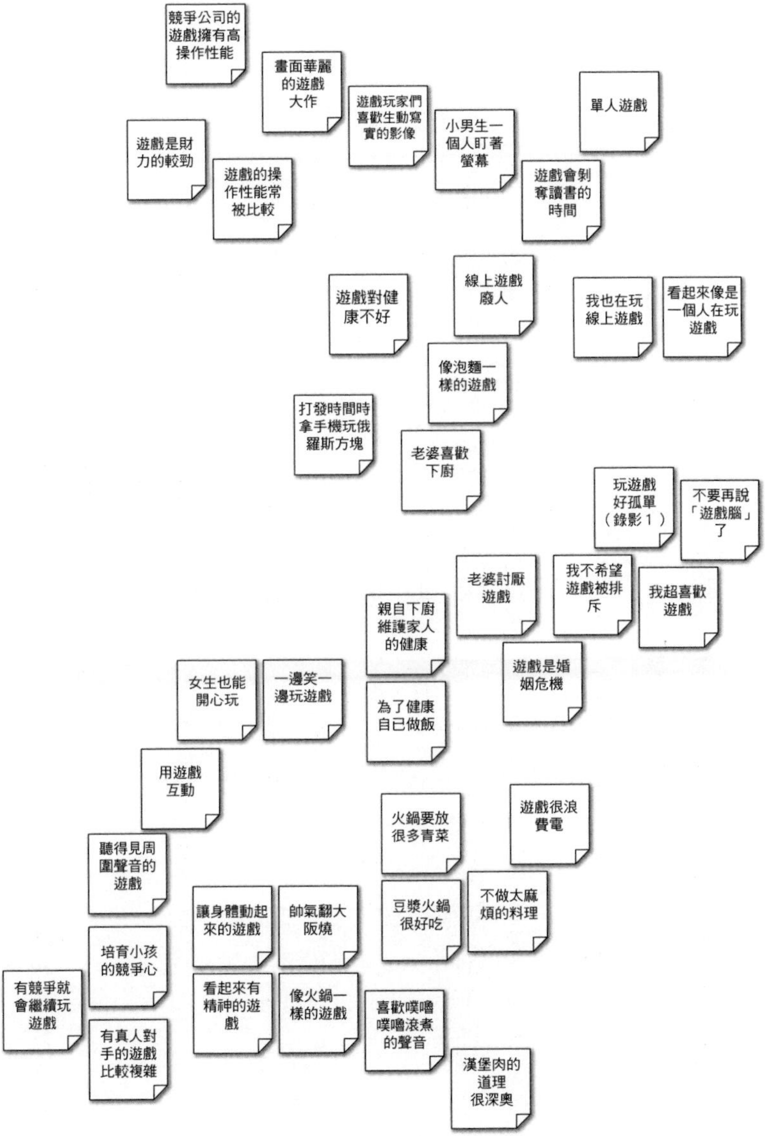
競爭公司的遊戲擁有高操作性能
畫面華麗的遊戲大作
遊戲玩家們喜歡生動寫實的影像
小男生一個人盯著螢幕
單人遊戲
遊戲是財力的較勁
遊戲的操作性能常被比較
遊戲會剝奪讀書的時間
遊戲對健康不好
線上遊戲廢人
我也在玩線上遊戲
看起來像是一個人在玩遊戲
像泡麵一樣的遊戲
打發時間時拿手機玩俄羅斯方塊
老婆喜歡下廚
玩遊戲好孤單（錄影１）
不要再說「遊戲腦」了
老婆討厭遊戲
我不希望遊戲被排斥
我超喜歡遊戲
親自下廚維護家人的健康
遊戲是婚姻危機
女生也能開心玩
一邊笑一邊玩遊戲
為了健康自已做飯
用遊戲互動
火鍋要放很多青菜
遊戲很浪費電
聽得見周圍聲音的遊戲
讓身體動起來的遊戲
帥氣翻大阪燒
豆漿火鍋很好吃
不做太麻煩的料理
培育小孩的競爭心
有競爭就會繼續玩遊戲
看起來有精神的遊戲
像火鍋一樣的遊戲
喜歡噗嚕噗嚕滾煮的聲音
有真人對手的遊戲比較複雜
漢堡肉的道理很深奧

累積了這麼多張便利貼，大家是不是已經看出什麼了呢？因為你已經知道Wii遊戲機了，接下來要展開的概念工作你也許已經猜到一些了。

但讓我們重新想像一下，這是在Wii還不存在的時候進行的概念工作。

阻擋在我們前面的是ＳＯＮＹ和微軟兩個巨人，這狀況根本可稱為是窮途末路，我們竟然還在討論肉丸和大阪燒。認真發想產品未來的夥伴們也許會認為這是在「浪費時間」，也許他們正在生氣自己不該像個笨蛋一樣在這裡討論。

此時，你必須腳步堅定地笑著帶大家繼續概念工作。

在第一部「向下探索」已說明了我們不可以被「好」這個字的魔力牽著鼻子走。勇者該具有遠離「已知的好」朝向「未知的好」的勇氣。

因此，你必須離開圍繞著你的「已知的好」，必須與「已知的好」訣別。

在概念工作中投下無數個「逆轉問題」，寫下無數張便利貼，也許是個沒有效率且浪費時間與人力的工作。但這樣**為了要找出「未知的好」所做的概念工作，其**

實是最有效率的生產活動。

你自信地「逆轉」便利貼內容，正是能讓冒險夥伴們安心「改變」的要件。

透過「逆轉」，在冒險前進的旅途中同時也發現無數個新觀點，乍看好像很順利地接近概念的終點。但此時，也感覺真正可怕的未知迷霧正從身後快速逼近，無聲無息地包圍了我們。

專欄1 勇者「逆轉」的問題集

※在這個專欄主要是詳細解說逆轉問題的技巧，因此，第一次閱讀本書的讀者可以先跳過這部分，等你要開始思考概念工作時再加以運用即可。

概念工作的第二步驟如前述「將步驟一寫下的壞話逆轉後，增加便利貼的內容與數量」。而第二步驟的「逆轉」問題對下一章第三步驟的概念工作非常重要，因此在這裡整理了「九個逆轉問題」作為補充。

實際執行概念工作之前，若能熟記這個問題集，就能夠在步驟二的階段一起和夥伴們開心地進行概念工作，並順利增添便利貼。

問題例① 反過來的話會怎樣呢？再繼續追根究柢的話，會怎樣呢？

「遊戲腦」這個字眼真是讓熱愛遊戲的人打從心裡覺得難受，也在無形中打擊了我們的夥伴。針對這類看都不想再看，解都解不開的疑難雜症，最有效的提問就是「反過來說的話會怎樣呢？」我們在上一章的舉例中也用了這個方法。

玉樹：「總覺得『遊戲腦』的形象已經越來越清楚了……那麼和『遊戲腦』恰**恰相反的形象是什麼呢？」**

之後就多了下列幾張新的便利貼：

「一邊笑一邊玩遊戲」、「讓身體動起來的遊戲」、「聽得見周圍聲音的遊戲」

此外，還有個逆轉問題也具有同等效果，那就是**「再繼續追根究柢的話，會怎樣呢？」**這或許是一個可以尋找未知想法的問題，現狀若令人感到不滿意，就不要試圖集中問題焦點，而是將問題放寬拉大。

想要拉近與未知之間的距離，其終極問題是以下這個問題：

問題例② 「不逃避不好的事，假設這就是事實」，會如何呢？

我們再舉一個先前介紹過的例子。

玉樹：「如果『遊戲腦』是事實，**論點也都百分之百正確的話**，那我們是不是就沒有將來了呢……」

這個問題看似主張「放棄解決『遊戲腦』的問題」，似乎表示高高舉起白旗投降。但也正因為這樣才能使夥伴們心裡沉睡的遊人又開始努力工作，像是拿出武器恐嚇「你這傢伙，就這樣算了嗎？」」，想辦法引導出更多坦率的意見。在上一章的概念工作就是用這個逆轉問題新增了下列幾張便利貼：

「小男生一個人盯著螢幕」、「遊戲會剝奪讀書的時間」、「遊戲很浪費電」、「遊戲對健康不好」

問這個問題其實有些殘酷，也許會讓夥伴們不愉快。縱然如此，我們仍要勇敢說出口，要尋找未知的好，在逆轉問題時一些心理上的策略也不可或缺。

找到了這個問題的突破口，我們就繼續往下一個問題。

問題例③　換個立場會變怎樣呢？（是朋友的話？是老婆的話？是同事的話？是主動者的話？是被動者的話？）

這個問題要討論的是逆轉立場的問題。例如：如果站在對方的立場會如何？某個行為的主動者和被動者對調後會變怎樣？

玉樹：「嗯……可能性（會大罵『遊戲腦』的人不玩遊戲）很高喔！**那我們換個立場想一想**，會說『遊戲腦』這個詞的人，他們是對著誰在說的呢？』

概念工作的成員都是遊戲業界裡的人，耳邊常常聽到的都是「遊戲腦」的話題。因此，轉換立場將問題變成「『遊戲腦』一詞是對著誰說？」反而能夠站在大聲呼喊「遊戲腦」一方的立場想事情。

以剛才「對著誰說『遊戲腦』」為例，慢慢地概念工作的成員都發現「小男生獨自玩遊戲的樣子」和「遊戲腦」給人的印象很類似。

針對全盤否定遊戲的「遊戲腦」說法，我們找到了一個癥結點，就是「玩遊戲人數的多寡，決定了『遊戲腦』程度的差異。」

而解開問題的癥結點可以有效地運用在下個問題。

問題例④　沒有關係的事情若勉強湊在一起會變得如何呢？

在問這個問題時，只要隨機抽取兩張眼前討論中的便利貼勉強地湊在一起即可。但此時你並不需要認真思考這個隨機的組合。在先前的概念工作案例中舉了下列的例子：

玉樹：「也許聽起來有點無聊，但如果在**『遊戲機』**裡加進**『醬料滾煮噗嚕噗嚕逼真的聲音』**，不知道會不會大賣喔！（笑）」

沒錯！我們將概念工作的主題「遊戲機」和便利貼上寫的「喜歡噗嚕噗嚕滾煮的聲音」勉強地湊在一起了。接著話題就進展到了「料理有，而遊戲卻沒有的是什麼」之上於是又發現了新的概念，多寫下了下列幾張便利貼：

「為了健康自己做飯」、「親自下廚維護家人的健康」

就這樣以一個帶領概念工作的領導者立場，可以丟一些適當的問題，引導在未知旅程上一起冒險的夥伴的潛能，並將一來一往的討論寫在便利貼上。

至此介紹的提問方法只是其中的一些例子，以下還有很多其它對概念工作進行有利的問題，我們接著一一介紹。

問題例⑤　碰到不對的事，假設「自己也不對」，會如何呢？

是人都不會刻意讓自己陷入不幸或不對的情況，但我們逆轉一下做人的常理，故意刁難人說「你也不對」看看。我們可以像下面這樣使用在實際的概念工作上：

玉樹：「有張便利貼是『不要再說遊戲腦了！』，**這句話你們也可以對著自己說啊！**我們自己也曾經對著誰說過『遊戲腦』一詞吧？黑助看起來就像對誰說過……對吧？」（笑）

在先前的概念工作中，如果我問了這個問題，接下來會議的進展也許就會變成……

黑助：「啊！這麼說的話，我好像對我表哥的小孩說過……當然是開玩笑的啦！我們幾個表兄弟聚在一起的時候，我就對著躲在小角落玩遊戲的國中生說了『喂！遊戲腦喔！』……」

不從正面解決問題，而是從誰過去的經驗談中擷取一些小插曲，把焦點從嚴肅的「話題正不正確」、「這樣做（說）好不好」逆轉為身邊周遭的話題。這麼一來也許就能多增加一張新的便利貼——「在角落玩遊戲的國中男生」。

接下來的問題也是類似這樣的展開。

即使在眼前有不對的事，有讓人覺得討厭的事，最痛快的提問方法並不是解決問題，而是將錯就錯以懷柔策略說：「不對就不對嘛！」

問題例⑥　真實的心聲是什麼？／場面話是什麼？

這個提問方法我們也許可以改為下列的問法：

玉樹：「被說成『遊戲腦』真是令人難受……但我大膽問一下，**事實上你們心裡究竟是怎麼想的呢？**說什麼討厭『遊戲腦』其實只是個場面話，**難道大家的心聲不是『好不好都跟我沒關係』嗎？**我自己也是長時間坐在遊戲機前面的人，就算被說成『遊戲腦』也不足為奇，但我一點也不認為自己是什麼『遊戲腦』。」

這個提問方法可以讓夥伴們從惱人的「遊戲腦」主題中得到解放，可以有效放鬆夥伴們的正義感和責任感，引導出那個「活在當下的你」的真實心聲。

下一個提問方法同樣要避免正面解決問題，而是從別的切入點切入問題。

問題例⑦　當兩個負面問題交錯在一起或同時發生時，會如何演變？

把兩張負面印象的便條紙組合在一起，看看能不能發現一些未知的什麼。如果用桌上現有的便利貼，我們可以這麼使用：

玉樹：**「已經有自覺自己是個『線上遊戲廢人』，又被旁人罵說是『遊戲腦』，**那到底要怎麼在這個世界上生存下去啊？我自己其實也這樣想過。」（苦笑）

這個討論是用「遊戲腦」和「線上遊戲廢人」兩個負面的道具所編造出來的話題。然而，在此我們要回想一下米吉的發言。

米吉：「啊～對了！就是因為一個人玩，才會被說成什麼『遊戲腦』！就算是上網和某個人對戰，玩家他還是一個人面對遊戲機，還是會被批評為『遊戲腦』，因為旁觀者看到的永遠都是一個人苦悶地面對單人遊戲機在玩遊戲。問題並不在於實際上是幾個人在玩遊戲，重點是幾個人坐在遊戲機前面！」

「遊戲腦」和「線上遊戲廢人」乍看之下非常類似。但是，米吉一語道破了「遊戲腦」和「線上遊戲廢人」的不同。一般的遊戲只要增加玩家的人數也許就沒有人會再說「遊戲腦」了，但線上遊戲只要外觀看起來是一個人在玩，無論如何都會繼續被說成是「遊戲腦」。

兩個負面的道具組合在一起不見得會出現正面的結果。但就算如此也無所謂，現在並沒有要馬上找出答案，只要不斷逆轉問題，專心地增加便利貼的數量就好。

最後，在進行概念工作時不需要特別注意順序，任何時候想發言都可以發言。以下再介紹兩個好用的逆轉問題。

問題例⑧　時間點逆轉後，會變得如何？

（明年的話？去年的話？早上和晚上一樣嗎？進棺材的前一刻還是一樣嗎？）

問題例⑨　用偶像劇、小說、電影、卡通或是音樂舉例的話，會變得如何呢？

我們用以下的例子說明。

玉樹：「『遊戲腦』一百年後還會有人說嗎……？」（時間逆轉）

大家會不會覺得「遊戲腦」這麼大的障礙一百年後也會風化消失了？如果你的答案是ＹＥＳ，就表示這是個有效的提問，也許可以填補我們至今都沒想到過的空缺。接著延續先前的例子，也許會產生以下的對話：

葉月：「一百年後？我早就死了，怎麼會知道。」
米吉：「都過了一百年了，家用遊戲機還存不存在都不知道吧！」
黑助：「螢幕畫面可能會浮在半空中，到時候誰都不再說『遊戲腦』了吧！」
玉樹：「為什麼？只要空中浮著畫面，就不再說『遊戲腦』了嗎？」
黑助：「不是不是，當未來如果隨時都可以從空中拉出螢幕畫面，大家享受那樣的數位生活的同時，任何人應該都有在玩一、兩個遊戲吧？」
美紅：「也就是說玩家人口比例是百分之百，每個人都在玩遊戲，誰都不再用『遊戲腦』批評遊戲了！」

玉樹：「原來如此！只要擴大玩遊戲的人口，『遊戲腦』問題就會慢慢消失了。」

米吉：「嗯……也就是實現『擴大玩家人口』方針，自然就能解決『遊戲腦』問題了！」

如果是這樣的變化，那解決「遊戲腦」問題和公司概念的實現「玩家人口的擴大」就可以完全劃上等號了。

甚至可以說只要擴大玩遊戲的人口，我們就可以無視「遊戲腦」的問題。逆轉問題的最後所產生的概念將使眼前這個尖銳的問題消失。

最後一個**問題例⑨「用偶像劇、小說、電影、卡通、音樂舉例的話，會變得如何呢？」**，我們留待後續的概念工作中說明。

只要牢記以上九個問題形式，就可以在進行概念工作時順利地「逆轉」並增加便利貼的數量。九個「逆轉」問題總結如下：

勇者「逆轉」的九個問題

問題例①　反過來說的話會怎樣呢？再繼續追根究柢的話，會怎樣呢？

問題例②　「不逃避不好的事，假設這就是事實」會如何呢？

問題例③　換個立場會變怎樣呢？（是朋友的話？是老婆的話？是同事的話？是主動者的話？是被動者的話？）

問題例④　沒有關係的事情若勉強湊在一起會變得如何呢？

問題例⑤　碰到不對的事，假設「自己也不對」，會如何呢？

問題例⑥　真實的心聲是什麼？／場面話是什麼？

問題例⑦　當兩個負面問題交錯在一起或同時發生時，會如何演變？

問題例⑧　時間點逆轉後，會變得如何？（明年的話？去年的話？早上和晚上一樣嗎？進棺材的前一刻還是一樣嗎？）

問題例⑨　用偶像劇、小說、電影、卡通或是音樂舉例的話，會變得如何呢？

至此已說明的**九種「逆轉」問題**，是個非常好用的方法，在我實際執行概念工作時也經常使用。但是這些問題仍存在一個盲點，就是便利貼上與「**業界**」有關的話題。

在實際執行概念工作的場合，對於某個特定業界的處理必須非常地小心。

為什麼呢？因為關於業界的想法因人而異，可能有人愜意地認為「不必考慮業界的問題」，但也有人根深蒂固地認為「絕不可沒有業界相關的常識」。無論是哪一方都要避免過度被束縛。

舉例來說，自古以來在遊戲業界都有個既定的默契，就是「A按鍵代表『YES』，B按鍵代表『NO』」，且包括任天堂在內的所有遊戲業者都遵守這個陳年的老規則。可是，像**iPhone**等只有觸控面板的電子產品根本沒有按鍵，當然就不須遵守這個業界的默契。

但我們必須思考「假設遊戲公司也開始生產觸控面板的遊戲機，A按鍵和B按鍵的功能該放在哪裡？」

無法擺脫遊戲業界常規的業者會認為「只要有A、B兩個按鍵，玩家就能透過按鍵傳達他們的想法」，也就是說在這些業者的企畫案裡，不存在觸控面板遊戲機。

當我們以自己的直覺判斷事情的好壞時，通常很難辨別那究竟是「自己的直覺」還是「業界的常識」，而加快問題的發生。總而言之，我們必須切割「自己公司」和「業界」，所以首先必須對業界有所了解。

有個值得參考的方法，是管理大師麥克・波特（Michael E. Porter）的《競爭策略》中提到的「五力分析」（five forces analysis）。

很多讀者可能早就知道這個方法，而這個方法用在概念工作時非常有效。在本書就以簡單既定的概念工作來說明這個方法。在文章中會突然出現一些經濟名詞，讓我們就當做在這趟探險旅程中碰到了不同種族的人，換個心情繼續前進吧。

五力分析是透過五個競爭道具決定業界的獲利性，是分析業界結構方法之一。如文字所示，五力分析是個將業界分割為下列「五種力量」並掌握業界的方法。

①供應商的議價能力　②競爭對手的競爭力　③潛在進入者的迫力

④購買者的議價能力　⑤替代品的威脅力　⑥政府法律的力量

後來在五力分析中被加上了一個「後台的助力」，也就是第六個「政府法律的力量」，因此雖說是「五力」，但事實上是「六力」。

接著，我們將已寫在便利貼上有關業界的壞話以供應商、競爭者、潛在進入者、購買者、替代品和政府等順序一一進行討論。

例如，有張便利貼寫著業界的壞話「玩遊戲好孤單」。若以這張便利貼為起點要再增加便利貼的張數時，我們就以這樣的順序進行五力分析並增加新的便利貼。

但是當你覺得「關於這個**業界的問題**，仍然需要再開一條分岔路進行討論」時，不要想太多，就直接寫下**便利貼**丟出去吧！

具體上，你可以試著問概念工作夥伴們下列六個問題：

①「玩遊戲好孤單」是因為供應商的供應能力或原材料所引起的問題嗎？

首先假設問題在於**供應商**，但看起來可能性可說是零。

在此所謂的供應商是指提供遊戲機生產所需原料（例如：電子零件、塑膠配件）的供應商。

舉個例說明，倘若開發新的資材或擴大流通通路使供應商的供應能力增加十倍，是否就能解決「玩遊戲好孤單」的問題呢？我想可能性應該是非常的低吧！

其結果判斷是供應商與「玩遊戲好孤單」問題並無特別相關。

②「玩遊戲好孤單」是因為競爭業者所引起的問題嗎？

競爭業者也許有可能是造成「玩遊戲好孤單」問題的第二個原因。在遊戲業界中銷售額最高的種類是追求高畫質、高性能的單人用遊戲，因此我們可以判斷遊戲機廠商之間很有默契地「繼續生產單人用遊戲」，並且彼此競爭。

從這個分析可以增加一張便利貼：「單人用遊戲有很大的市佔率」。

③「玩遊戲好孤單」是因為潛在進入者所引起的問題嗎？

第三個**潛在進入者**也許也有可能是造成「玩遊戲好孤單」問題的原因之一。

從第二點競爭業者的分析中已得知問題的原因在於「遊戲業界中最暢銷的是追求高畫質、高性能的單人用遊戲」。也就是說，在單人用遊戲的市場中與其它競爭廠商交手需要極為可觀的資本及技術。因此，對於缺乏資源，只想用創意在市場上競爭的潛在進入廠商而言，想要進入市場並不容易。相反地，從潛在進入者方面來看，我們可以說「只要耗費資源的單人遊戲繼續流行，在遊戲業界既有的廠商就可以防止潛在進入者進入這個市場」。

從這個分析可再追加一張便利貼「生產單人用遊戲需要龐大的資源」。

④「玩遊戲好孤單」是因為購買者（顧客）所引起的問題嗎？

從這個問題所聯想到的**顧客**是遊戲的死忠愛好者。

以單人遊戲為主流的歷史已形成了一大群喜好單人用遊戲的愛好者。若以這一大群愛好者為目標市場，單人用遊戲絕對是首選的產品吧！

從這個分析再追加一張便利貼「單人用遊戲存在一群死忠的愛好者」。

⑤「玩遊戲好孤單」是因為替代品所引起的問題嗎？

若是問，是因為有**別的遊玩方法或商品可替代遊戲**，才會發生「玩遊戲好孤單」的現象嗎？事實上正好相反。

為了滿足遊戲玩家中的核心族群，單人用遊戲中注入了不少令人沉迷的要素。回顧遊戲的歷史，單人用遊戲可說是遊戲中的巨星，其重要地位足以左右遊戲機的市佔率。正因為如此，單人用遊戲的生產才會從不間斷。

因此，我們可以再追加一張便利貼「單人用遊戲是左右市佔率最大的遊戲種類」。

⑥「玩遊戲好孤單」是因為政府的法律所引起的問題嗎？

第六個問題，由於**政府**並無對遊戲業者設限「只允許生產單人用遊戲」，因此這個原因與問題並不相關。

就像這樣，在有業界問題的便利貼上，一一以「五力分析」加以分析後追加便利貼的數量。以下總結以「五力分析」檢討過後的便利貼。

「單人用遊戲的市佔率很大」↑②**競爭業者之分析**
「生產單人用遊戲需要龐大的資源」↑③**潛在進入者之分析**
「單人用遊戲存在一群死忠的愛好者」↑④**購買者（顧客）之分析**
「單人用遊戲是左右市佔率最大的遊戲種類」↑⑤**替代品之分析**

※由於從①**供應商**和⑥**政府**的分析中無法找出與「玩遊戲好孤單」問題的關聯性，因此從這兩力分析無法追加新的便利貼。

在追加了便利貼之後我們繼續進行概念工作。大家請慢慢地解讀這些從五力分析中新增的四張便利貼。

……「單人用遊戲的市佔率很大」……「生產單人用遊戲需要龐大的資源」……「單人用遊戲存在一群死忠的愛好者」……「單人用遊戲是左右市佔率最大的遊戲種類」……。

大家有沒有發現什麼呢？

沒錯！重點就是「業界的市佔率」。

在此產生了一個假說——單人用遊戲之所以會如此多，是不是因為業者間的市佔率爭奪戰呢？

話說回來，公司在業界的市佔率大小對概念工作主題「擴大玩家人口」並沒有特別的貢獻，因此，市佔率應該與公司的概念不一致。既然如此，我們的概念工作執行就沒有必要將市佔率作為優先處理事項。

即便是在概念工作執行的途中，如果突然發現該考慮的事情給忘了，「糟糕忘記了！是不是應該考慮業界的市佔率呢？」如果能即時發現也算是「賺到了」。順著這樣的步驟，在概念工作的桌上多了一個「業界市佔率」的群組，這與其它的便利貼或群組應該能起相互作用，使桌上整體有所變化。

經過這樣分析後的結果發現：「至今也許無意識地以公司的市佔率判斷事情的好壞……這樣是不行的！概念工作的主題是『擴大玩家人口』而不是擴大市佔率！」全組人員可以再次確認概念工作的目的，並捨棄那些固執的想法。

如此一來，在接下來的概念工作裡可以試著問以下的問題：

「單人用遊戲讓人覺得好孤單，但究竟在遊戲業界為什麼只生產單人用遊戲呢？正因為是單人用的，所以每次只能增加一個玩家人口吧！……該不會我們原來重視的並不是玩家人口，而是在業界的市佔率呢？」

像這樣稍微逆轉一下觀點就能回到概念工作的原來目的。正因為是自己最熟悉的「業界」，最好是心裡隨時要想著……有沒有忽略掉什麼想法？有沒有漏掉些什麼？一定有吧！而有沒有這個意識是決定概念工作旅程成功與否的關鍵。

不要被囚禁在業界常識的框架中，以「五力分析」解析屬於業界問題的便利貼

「玩遊戲好孤單」，才能以自由不受拘束的發想來進行概念工作。

「逆轉問題」和**「五力分析」**，不習慣的人也許會覺得有一點困難。但首先請以「與其學習不如習慣」的輕鬆態度去面對，丟出問題吧！

「在無法預知答案的情況下丟問題給夥伴們」，或許這樣的行為會讓你覺得不自在。但請不要忘記你的職責只是「逆轉」問題，而不是尋找答案。

夥伴們一定會找到答案的，身為領導者的你只要可以得心應手地操作「逆轉問題」和「五力分析」，就能不斷地增加便利貼的張數。

便利貼的張數越多，能實現「未知的好」的概念就會離我們越近。

11 尋找星座——群組化後就能「理解」

看看桌上，我們寫下的便利貼已經有四十張了，我們用一個很簡單的規則將「類似的便利貼放在一起，不同的放遠一點」，便利貼便漸漸地形成一個完整的結構。就彷彿夥伴們寫下的每句話變成一顆顆的星星，而這些星星將形成一個宇宙一樣，**桌上的便利貼總算要開花結果變成一個概念**。

在步驟三，是準備將星空化為一個訊息的階段。

「向上成長」的第三個考驗

讓我們回到概念工作，接下來必須要做的事是尋找能夠局部群組化的便利貼。宛如從夜空中的星群裡找尋星座一般，找出彼此依偎在一起，可謂命運的便利貼群組，而這些星座就會在宇宙裡飛翔起來，編織成一個故事。

玉樹：「我們便利貼也寫得差不多了，就開始將便利貼簡單地群組化吧！

現在桌上有四十張左右，我們也已經將感覺類似的放在一起了。接下來要做的是將類似的便利貼編組後給予一個群組名稱。

順著你的直覺群組化。一眼掃過所有的便利貼，總覺得有點類似，總覺得可以看出一點小小的關聯……就從先想到的地方排列順序吧！

想到什麼群組，就拿起相關的便利貼大聲唸出來，並提議『可以做〇〇〇的群組』。如果沒有人有任何異議，就用紅筆將群組名稱寫在A4紙上，將有關聯的便利貼從桌上移到這張A4紙上。

舉例說明，一邊拿起可以群組的便利貼，整理『玩遊戲好孤單（錄影1）』、『單人遊戲』、『小男生一個人盯著螢幕』、『像泡麵一樣的遊戲』、『線上遊戲廢人』，

小狗座

這些應該可以組成一個群組叫〈**一個人玩**〉吧！將這些便利貼貼在A4紙上。規則大致上就是這樣。」

葉月：「這麼說的話，我們也可以編一個群組叫〈**多人遊戲**〉吧！就是把『女生也開心玩』、『有競爭就會繼續玩遊戲』、『有真人對手的遊戲比較複雜』、『像火鍋一樣的遊戲』、『培育小孩的競爭心』編成一個群組。

看看周圍的反應，沒有什麼意見的話就可以這樣整理便利貼。

首先，〈**一個人玩**〉和〈**多人遊戲**〉兩個群組完成了。

群組化1：集合要素相近、內容相近的便利貼，編成一組，決定群組名稱後整理在A4紙上。

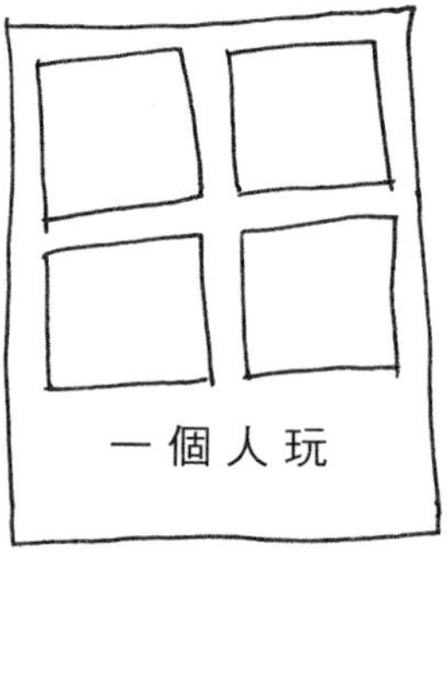

美紅：「那～〈**料理**〉群組可以嗎？啊！不過『像火鍋、泡麵一樣的遊戲』既可以放進〈**料理**〉的群組，也可以放進〈**多人遊戲**〉的群組，這時候該怎麼辦？」

玉樹：「嗯～像這種情況有一個小技巧，〈**料理**〉包含了太多要素，現在放在桌上的便利貼和料理共通的至少有『像火鍋一樣的遊戲』、『老婆喜歡下廚』、『喜歡噗嚕噗嚕滾煮的聲音』、『漢堡肉的道理很深奧』、『為了健康自己做飯』、『豆漿火鍋很好吃』、『火鍋要放很多青菜』、『帥氣翻大阪燒』、『不做太麻煩的料理』等等。

一眼望去，還可以看出〈**料理**〉之外的群組，例如：〈**健康**〉、〈**簡單料理**〉、〈**熱呼呼的食物**〉……再將標題放大一些的話，大多數的便利貼都可以整理為〈**女性**〉群組。

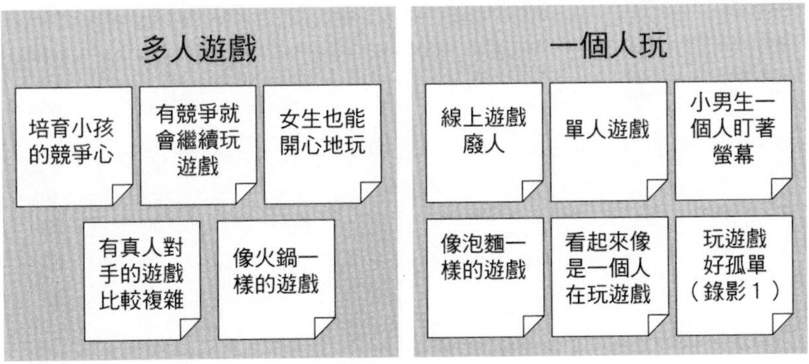

像〈**料理**〉這樣的群組包含了太多的要素，屬於上層概念；而這樣的上層概念一旦變成了群組名稱，要和其它群組做連結時反而會變得很複雜，也不容易相連結。因此，將群組名稱訂為〈**料理**〉太草率了，建議大家再細分。一個群組最多八張便利貼左右是最好的。」

美紅：「這樣啊！那～就先整理出〈**健康**〉群組怎麼樣呢？延續剛才的說法，應該可以將『為了健康自己做飯』、『親自下廚維護家人的健康』、『豆漿火鍋很好吃』、『火鍋要放很多青菜』編成一個群組。」

就這樣，多了一個新的群組〈**健康**〉。

真白：「這幾張『帥氣翻大阪燒』、『一邊笑一邊玩遊戲』和『用遊戲互動』便利貼可以組成〈**開心笑**〉群組吧？」

玉樹：「這樣分還蠻有趣的！雖然也算是上層概念，但是蠻有趣的，就先群組化後再看看吧！」

真白寫上群組名稱〈**開心笑**〉後，整理相關的便利貼。

米吉：「這樣的話～『不做太麻煩的料理』、『打發時間時拿手機玩俄羅斯方塊』和『遊戲很浪費電』，這幾張算是在勞力、時間、金錢方面的〈**節約**〉，可以變為一個群組吧！」

黑助：「我家老婆啊～有效利用做菜時間好像是她的興趣吧！拿起手機玩玩俄羅斯方塊，說穿了就只是在等待的時候稍微小玩一下而已。」

葉月：「那～再加一個〈**方便**〉群組，把『不做太麻煩的料理』和『打發時間時拿手機玩俄羅斯方塊』放進這個群組怎麼樣呢？然後，我認為把『遊戲很浪費電』放在〈**節約**〉群組，再加一張新的便利貼『自己做菜比較省錢』放一起可以吧！自己煮飯比較省錢嘛！」

玉樹：「這個提議不錯！盡量說，盡量增加便利貼！從剛才的討論裡多了〈**節約**〉和〈**方便**〉兩個群組，我認為ＯＫ，大家認為怎麼樣呢？」

看大家都點了頭，葉月拿起筆增加了〈**節約**〉和〈**方便**〉兩個群組，同時也追加一張新的便利貼：「自己做飯比較省錢」。

真白：「我又想到一個，可以說說看嗎？是關於『喜歡噗嚕噗嚕滾煮的聲音』……在做飯時心裡總是想著吃飯的那個人，對著鍋子說著『變好吃吧！』之類的話時，總覺得心裡有著滿滿的幸福感。我覺得鍋子裡的聲音象徵的是幸福的感覺耶！只要站在噗嚕噗嚕的鍋子旁邊就很幸福，只要有人吃我做的飯，就會一直想自己下廚吧！」

黑助：「哈！哈！真羨慕，現在這段話真想讓我老婆也聽一聽！」

真白已經開心地追加了一張便利貼：「親自下廚是因為有人會很開心」。

美紅：「確實為了某個人做飯的話，都會想多費一些心思認真做耶！再增加一個**〈讓人開心〉**群組，把『老婆喜歡下廚』、『喜歡噗嚕噗嚕滾煮的聲音』、『漢堡肉的道理很深奧』、『親自下廚是因為有人會很開心』放進去可以吧！」

玉樹：「這個群組標題讓人覺得好窩心喔！心裡都暖和起來了！」

美紅追加了一個**〈讓人開心〉**群組。

到這裡我們已經編了七個群組，分別為**〈一個人玩〉**、**〈多人遊戲〉**、**〈健康〉**、

〈開心笑〉、〈節約〉、〈方便〉和〈讓人開心〉，依順序整理如下圖。

群組化2：一個群組最多八張便利貼。

群組化3：在群組化的過程中，如果想到可以加入群組的想法，馬上寫下便利貼放進群組中。

玉樹：「在這樣一來一往的同時，料理相關的便利貼都放進群組了，接著來整理一些跟遊戲有關的便利貼吧！」

米吉：「輪到我上場了！『競爭

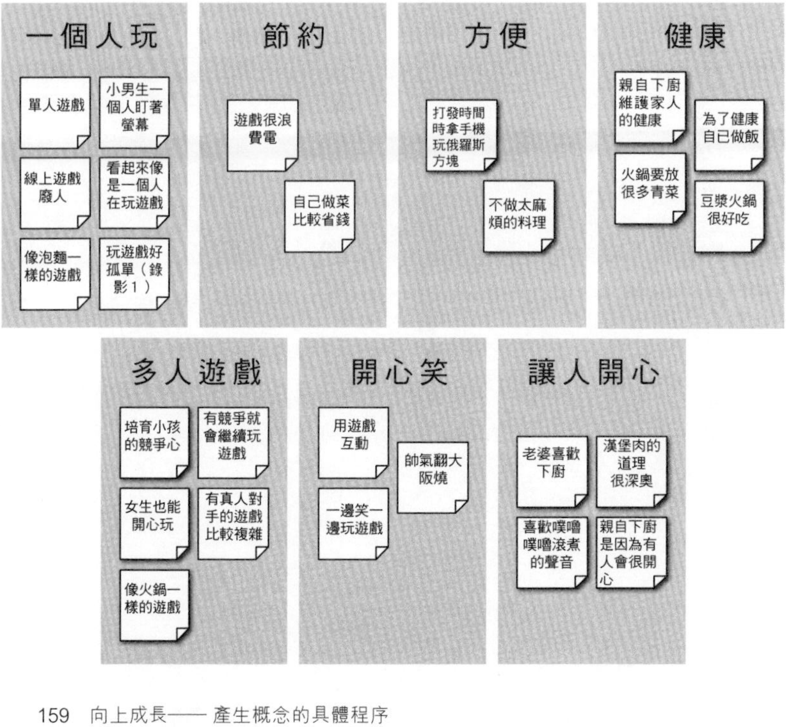

公司的遊戲擁有高操作性能』、『遊戲的操作性能常被比較』和『遊戲玩家們喜歡生動寫實的影像』的群組標題就用〈**操作性能**〉吧！」

玉樹：「太好了，總算要開始了！那這三張便利貼就照這樣群組化，沒問題吧？」

見大家沒什麼意見，米吉寫下了〈**操作性能**〉群組。

黑助：「照這樣的話，『生動寫實的遊戲大作』和『遊戲是財力的較勁』就是〈**大手筆遊戲**〉群組。

葉月：「再加一個〈**遊戲腦**〉群組，應該可以放進『不要再說遊戲腦了』、『遊戲對健康不好』和『遊戲會剝奪讀書的時間』吧！」

真白：「我想要另闢一個〈**躍動感**〉群組，『讓身體動起來的遊戲』和『看起來有精神的遊戲』應該可以放在一起吧！」

討論越來越激烈了，在取得夥伴們同意的同時，整理每個人的意見。因為沒有其它意見，我們又新增了三個群組〈**大手筆遊戲**〉、〈**遊戲腦**〉和〈**躍動感**〉。

玉樹：「剩下六張便利貼『老婆討厭遊戲』、『我超喜歡遊戲』、『我不希望遊戲被排斥』、『我也在玩線上遊戲』、『聽得見周圍聲音的遊戲』和『遊戲是婚姻危機』。」

黑助：「嗯～這六張不倫不類的，想不出來群組名稱耶……」

美紅：「對啊！這個時候該怎麼做啊？」

玉樹：「確實！如果覺得有一些很難群組化的便利貼，就不要勉強湊在一起，這些便利貼就先放在一邊吧！」

群組化4：不知道該放在哪個群組的便利貼，不要勉強群組化，放在一旁即可。

進行到了這個步驟，夥伴們都大致掌握了概念工作的要領，順著這個氣勢，我們要展開最後一擊。

玉樹：「現在我們差不多組了十個群組左右，分別是〈**一個人玩**〉、〈**多人遊**

戲〉、〈健康〉、〈開心笑〉、〈節約〉、〈方便〉、〈讓人開心〉、〈大手筆遊戲〉、〈遊戲腦〉、〈操作性能〉和〈躍動感〉。

這麼看來，群組和群組之間也有一些微妙的關係，我們就調整一下各個群組（A4紙）的位置吧！但是在調整位置之前，如果想到任何可以追加的便利貼內容，趁著這個時候寫下來吧！」

美紅：「這麼說來，黑助，你有沒有想到什麼有關健康的話題啊？你最近常用辦公室的廚房做減肥餐，偶爾也會分一些給米吉對

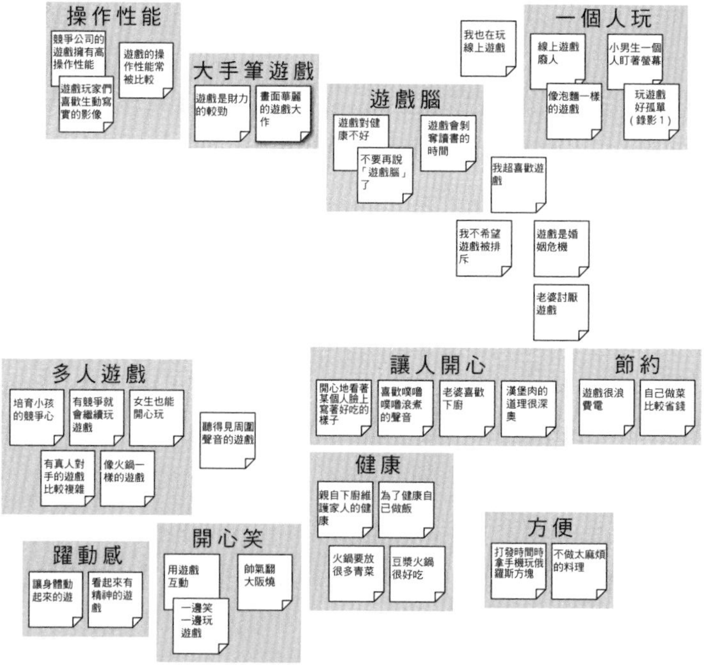

吧？從來不曾對食物有任何讚美的米吉，當時一邊笑一邊吃，我看到嚇了一大跳。」

米吉：「對啊！黑助做的減肥餐吃到撐也才四百卡路里耶！我吃得渾然忘我。」

黑助：「開什麼玩笑，我研究出來的減肥餐味道剛好、份量剛好、吃到的人運氣也很好，當然什麼都好啊！」

美紅：「好啊！那你們兩個人的好感情也寫在便利貼吧！」

美紅笑著把「開心地看著某個人臉上寫著好吃的樣子」寫在便利貼上，放進〈**讓人開心**〉群組裡。

玉樹：「多棒的友情啊……如果有這樣的遊戲就好了……」

美紅：「我們做出來就有了啊！大家說是不是？」

美紅越笑越開心，他又寫了一張便利貼：「看人玩遊戲很有趣」。

黑助：「『看人玩遊戲很有趣』……，但事實上，很多女生對著玩家專用的遊戲也不感興趣啊！什麼畫面很奇怪啦，遊戲腦啦，終歸一句就是遊戲本身太複雜太難了吧！」

說完之後，黑助加了一張便利貼「遊戲很難」，放在〈**遊戲腦**〉群組的附近。

葉月：「換句話說，原則上只要有食譜就會做料理，但玩遊戲時通常不太看說

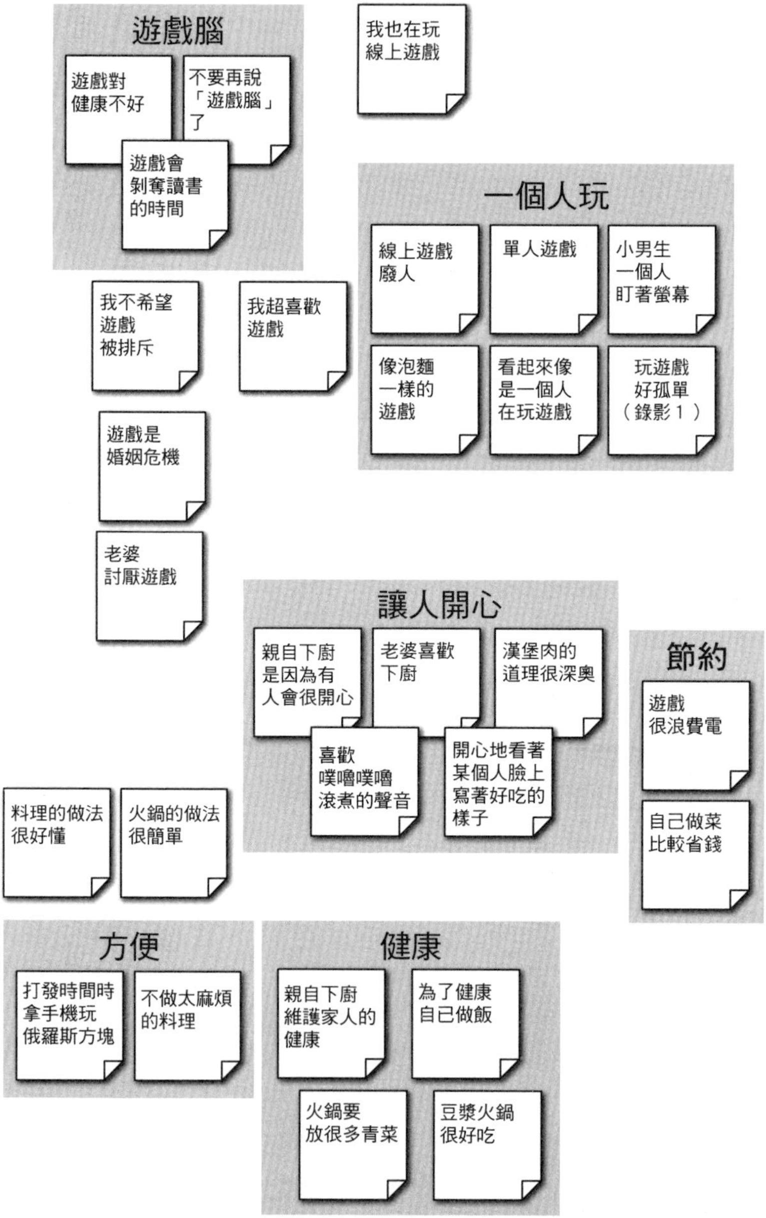
遊戲腦
遊戲對健康不好
不要再說「遊戲腦」了
遊戲會剝奪讀書的時間
我也在玩線上遊戲
一個人玩
線上遊戲廢人
單人遊戲
小男生一個人盯著螢幕
像泡麵一樣的遊戲
看起來像是一個人在玩遊戲
玩遊戲好孤單（錄影１）
我不希望遊戲被排斥
我超喜歡遊戲
遊戲是婚姻危機
老婆討厭遊戲
讓人開心
親自下廚是因為有人會很開心
老婆喜歡下廚
漢堡肉的道理很深奧
喜歡噗嚕噗嚕滾煮的聲音
開心地看著某個人臉上寫著好吃的樣子
節約
遊戲很浪費電
自己做菜比較省錢
料理的做法很好懂
火鍋的做法很簡單
方便
打發時間時拿手機玩俄羅斯方塊
不做太麻煩的料理
健康
親自下廚維護家人的健康
為了健康自已做飯
火鍋要放很多青菜
豆漿火鍋很好吃

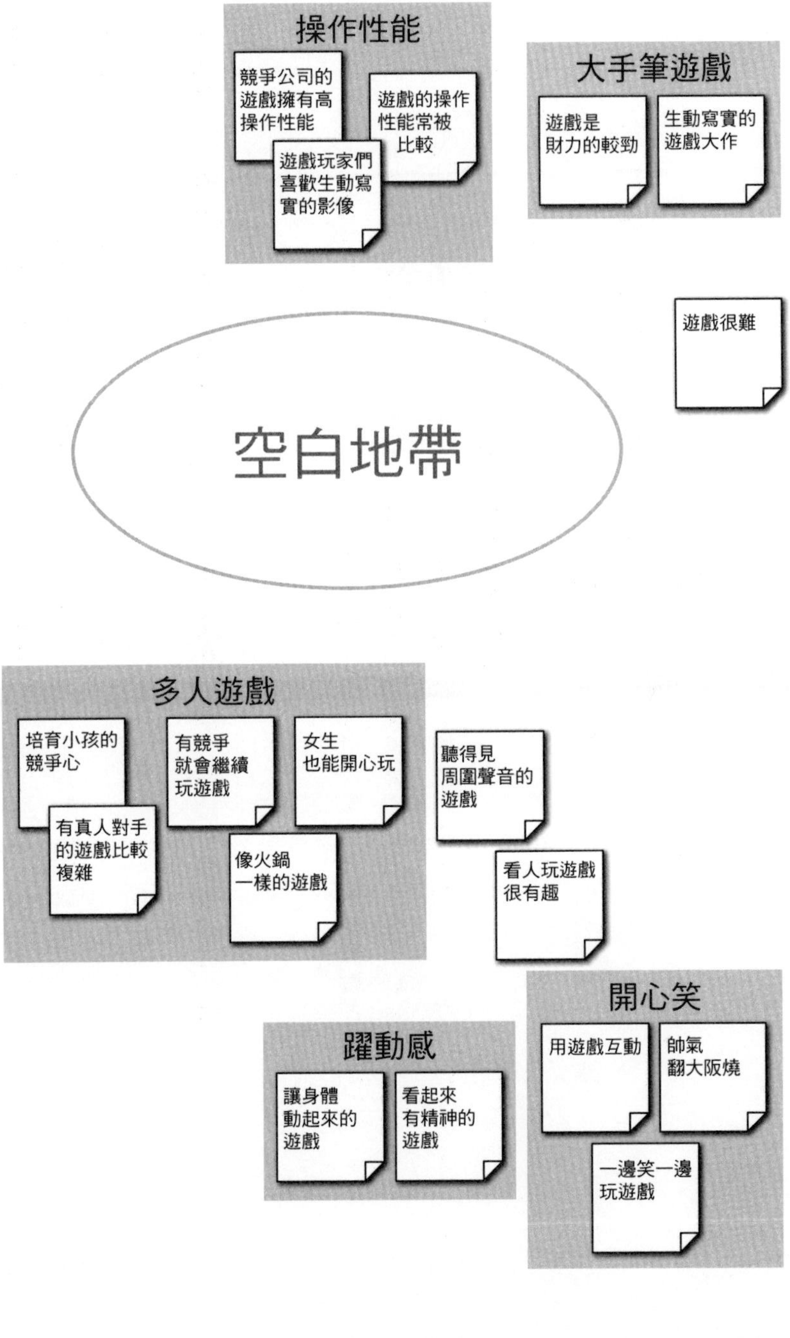
操作性能
競爭公司的遊戲擁有高操作性能
遊戲的操作性能常被比較
遊戲玩家們喜歡生動寫實的影像
大手筆遊戲
遊戲是財力的較勁
生動寫實的遊戲大作
遊戲很難
空白地帶
多人遊戲
培育小孩的競爭心
有競爭就會繼續玩遊戲
女生也能開心玩
有真人對手的遊戲比較複雜
像火鍋一樣的遊戲
聽得見周圍聲音的遊戲
看人玩遊戲很有趣
開心笑
用遊戲互動
帥氣翻大阪燒
一邊笑一邊玩遊戲
躍動感
讓身體動起來的遊戲
看起來有精神的遊戲

明書，不論是食譜類書籍或食譜網頁，看了就讓人很開心♪」

葉月追加了兩張便利貼「料理的做法很好懂」、「火鍋的做法很簡單」，放在〈方便〉群組的附近。

群組化5：確認有沒有漏寫了便利貼，將未群組化的便利貼放在意思相近的群組附近。

玉樹：「慢慢地看出一些樣子了，大家辛苦了！尤其是整理便利貼和群組化的過程應該讓人覺得很累吧！但是，像這樣寫完便利貼後再排列的過程可以幫助我們思考，舉例來說，看一看桌上……『聽得見周圍聲音的遊戲』無法加進群組裡，在周圍空出了一個大位置耶！」（**※請參考前頁的圖**）

美紅：「感覺真不好。」

玉樹：「這是在反映我們的內心，有空間才有意義啊！多出一個空間時，會讓人想那個空間是不是應該補上適當的便利貼呢？」

黑助：「也就是說這個空間有它存在的意義，那我們該怎麼做呢？」

真白：「尤其是這個空白地帶就位在〈**讓人開心**〉群組之間。」

黑助：「玩遊戲的時候，媽媽大聲呼喊我們都聽不見，無視於媽媽的存在當然媽媽會傷心會生氣，如果有『聽得見周圍聲音的遊戲』就好了。」

米吉：「但是，這個想法並不是站在遊戲玩家的立場想……他們沒想過要讓媽媽開心吧！也許想都沒想過。總之，玩遊戲的人和不玩遊戲的人之間有一道很大的鴻溝。」

黑助：「那道鴻溝還真不小喔……可是，剛才的說法我有點不懂，『讓媽媽開心』？用遊戲？」

真白：「完全無法想像，玩遊戲也能變成孝心。但如果能讓媽媽開心就太好了！」

黑助：「要讓老婆一起玩遊戲都很不容易了，更別說用遊戲討老婆歡心，怎麼可能啦！」

玉樹：「喔『不可能』出來了。原則上不可以否定概念工作，就算真要否定，那一定得是非常重要的事。再寫一張便利貼『讓媽媽開心吧』，**如果這個能夠成真就太厲害了**。未來總有一天或許媽媽會對小孩說：『喂！不要一直看電視，玩一下遊戲嘛！』」

我說著說著就寫下了一張便利貼「讓媽媽開心」；至今讓媽媽視為天敵的遊戲，反過來讓媽媽開心。對於這個點子讓我心裡興奮不已，卻又壓抑著興奮的情緒輕輕地把便利貼貼在桌上。

黑助：「不對～不可能的啦！」

真白：「但是，如果真的能做到，那就太厲害了……一定會大賣的，這個新世代遊戲機」

米吉：「但事實就是媽媽討厭遊戲啊！就算寫下『讓媽媽開心』的便利貼，〈**讓人開心**〉群組旁就有完全相反的便利貼『老婆討厭遊戲』，鴻溝仍然存在。」

美紅：「讓老婆開心之前，要先努力讓老婆不討厭吧！黑助～」

黑助心不甘情不願地在便利貼上寫下「讓老婆不討厭遊戲」

玉樹：「事實是現在的遊戲啊！別說是老婆，所有的家庭女性都不喜歡。但如果真的開發出一個所有女性同胞都不討厭的遊戲，也許就能避免『遊戲是婚姻危機』的問題，黑助家裡也能風平浪靜囉！」（笑）

在思考空白地帶如何填補的同時，便利貼之間的關係越來越明顯；而我們沒想到的問題也出現在便利貼上。

群組化6：桌上出現一片空白地帶時，要留意在那片空白地帶上潛藏著很大的提示。觀察空白地帶周圍的便利貼及群組，再追加新的便利貼。

玉樹：「便利貼都差不多齊了，現在大概有五十張便利貼吧！應該可以再群組化，先不管那些無法編組的便利貼，往桌子上放眼望去有沒有發現什麼呢？」

美紅：「完全的分成上下兩個部分，上面的部分是目前的遊戲，下面是料理之類的遊戲，是新的想法……可是，連接的橋樑是黑助家的婚姻危機耶！」

美紅用她的手指出上下兩個大群組。

真白：「看來……『玩遊戲的人』和『不玩遊戲的人』好像要絕緣了耶！」

米吉：「下半部的群組總覺得是空談，『像火鍋一樣的遊戲』啦！『女生也開心玩』、『一邊笑一邊玩遊戲』、『看起來有精神的遊戲』之類的。就算是不可能我們甚至也執意發展到婚姻問題了……」

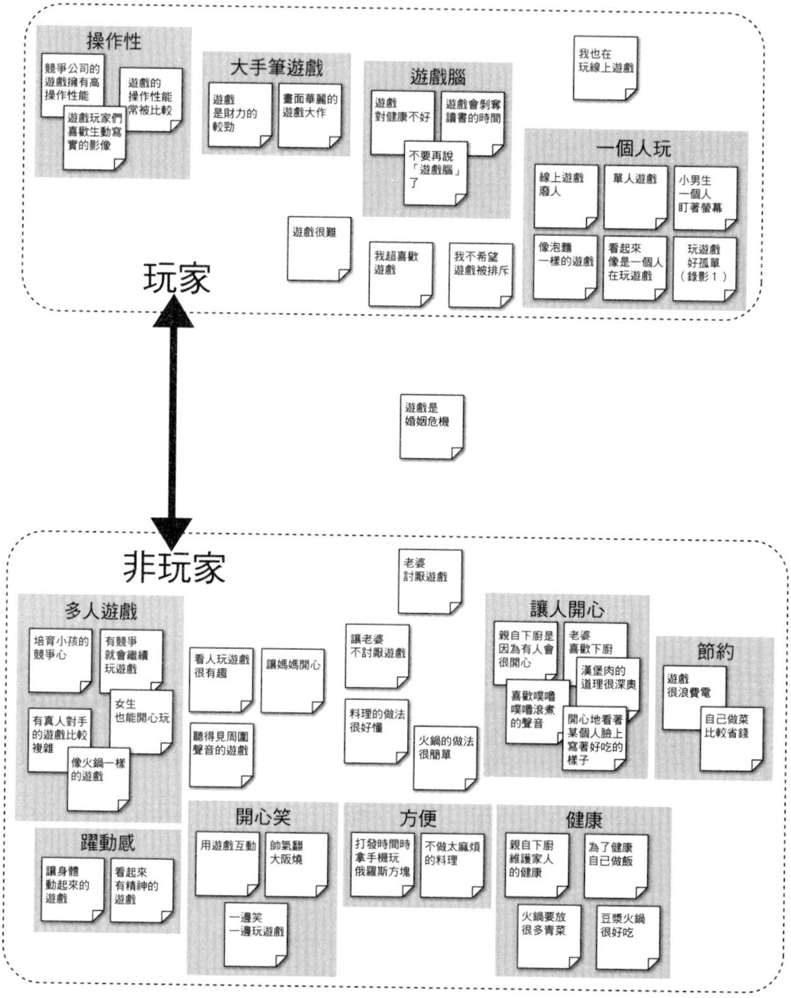
操作性
競爭公司的遊戲擁有高操作性能
遊戲的操作性能常被比較
遊戲玩家們喜歡生動寫實的影像
大手筆遊戲
遊戲是財力的較勁
畫面華麗的遊戲大作
遊戲腦
遊戲對健康不好
遊戲會剝奪讀書的時間
不要再說「遊戲腦」了
我也在玩線上遊戲
一個人玩
線上遊戲廢人
單人遊戲
小男生一個人盯著螢幕
像泡麵一樣的遊戲
看起來像是一個人在玩遊戲
玩遊戲好孤單（錄影1）
遊戲很難
我超喜歡遊戲
我不希望遊戲被排斥
玩家
遊戲是婚姻危機
非玩家
老婆討厭遊戲
多人遊戲
培育小孩的競爭心
有競爭就會繼續玩遊戲
女生也能開心玩
有真人對手的遊戲比較複雜
像火鍋一樣的遊戲
看人玩遊戲很有趣
讓媽媽開心
聽得見周圍聲音的遊戲
讓老婆不討厭遊戲
料理的做法很好懂
火鍋的做法很簡單
讓人開心
親自下廚是因為有人會很開心
老婆喜歡下廚
漢堡肉的道理很深奧
喜歡噗嚕噗嚕滾煮的聲音
開心地看著某個人臉上寫著好吃的樣子
節約
遊戲很浪費電
自己做菜比較省錢
躍動感
讓身體動起來的遊戲
看起來有精神的遊戲
開心笑
用遊戲互動
帥氣翻大阪燒
一邊笑一邊玩遊戲
方便
打發時間時拿手機玩俄羅斯方塊
不做太麻煩的料理
健康
親自下廚維護家人的健康
為了健康自己做飯
火鍋要放很多青菜
豆漿火鍋很好吃

葉月：「都已經做出這麼漂亮的形狀了，不能回頭了啦！」

黑助：「婚姻危機？……真的假的？」

群組化是因為我們想要得到一個結論。

「被叫『遊戲腦』的遊戲」和「女生也能開心玩的新型遊戲」顯然已經變成了兩個大群組，而這兩個大群組與婚姻危機在形式上並不相容。

在冒險的地圖上，**兩個群組的對立儼然形成了一個巨大的相對結構**。

就像這樣，群組化之後會發現新的想法和新的切入點，接著就會想要再新增便利貼。而此時你只要坐在那裡任由夥伴們自由發揮就好。只要順利炒熱了氣氛，概念工作自然就會順利進行。

如果無法順利群組化，也許是因為便利貼的數量不夠。此時就要再回到步驟一的「口出惡言」或步驟二的「逆轉問題」，再重新增加便利貼。便利貼的張數只要超過三十張大概就算足夠，當然材料越多，看見的世界也就越寬廣。

概念工作

步驟三

依群組化1～6的順序將便利貼歸類。

距離概念的完成，我們又往前進了一大步了。為了「理解」桌上的整體架構，我們必須先整理各個小群組，再仔細解讀這個配置架構。

若以冒險為例，勇者總算快要找到真正的敵人了，在群星紛擾的星空裡已經顯露出一些形狀了。

馬上就可以解讀星空的故事了。

12 口耳相傳——為了「完成」而故事化

從口出惡言開始的概念工作，已經變成星座佈滿星空了，我們也總算要開始將這些星座結合成一個概念了。

在步驟四，我們要將這些七嘴八舌的便利貼總結為20字左右的概念，清楚明白地用文句表達。為了完成這個團隊夥伴都能共享的故事，這個章節要掌握創作的最後一個精神——「完成」！

「向上成長」的第四個考驗

很奇妙吧！在概念工作的最後，出現的竟然是「玩家」與「非玩家」之間的「婚姻問題」。「意思相近的放在一起，意思不同的分開放」，我們以這個條件將數十張便利貼重新排列後，竟然變成一個葫蘆形狀的排列組合。上半部是玩遊戲的人，下半部是不玩遊戲的人，中間的部分竟變成了婚姻問題，彷彿彼此之間有什麼特別的意義似的。

在概念工作開始時，桌上只散落著一堆雜亂的便利貼。經過我們一番整理後，現在可以看見一個大方向了。

若要開發新世代遊戲機，在玩家人口還沒完全被啟發的狀況之下，我們必須想辦法從上半部移動到下半部，甚至必須挽回家裡的老婆大人。

我們正在進行的概念工作就像是正統的奇幻文學故事一樣，是一個要從敵人手中奪回自己心上人的冒險工作。

然而，概念冒險的真本事現在才要開始，經過一連串變形之後得到現在這個始料未及的葫蘆形狀，接下來將以一個故事的形式呈現。

讓我們回到概念工作現場吧！

玉樹：「已經能看出整體結構了，現今的遊戲業者幾乎都是針對『玩家』，也就是針對葫蘆形狀的上半部在開發遊戲，但為了擴大玩家人口我們必須針對『非玩家』，也就是針對葫蘆形狀的下半部開發遊戲商品。因此，就用大家費盡心思想出來的從便利貼說個故事吧！

從現在開始，除了新增便利貼之外，我們還要將焦點放在便利貼與群組之間的關係與方向。在桌上好像有一條河川……對吧！請大家想像一下，為了要更清楚看見河川的水流，希望大家想一想有沒有哪些群組之間的意思是完全相反的？

米吉：「嗯～一眼就看出來的是〈**一個人玩**〉和〈**多人遊戲**〉。」

玉樹：「那就先拉一條箭頭吧！箭頭要從哪裡拉到哪裡呢？當然我們希望的是從上面的〈**一個人玩**〉拉到下面的〈**多人遊戲**〉，對吧？就這樣拉一條箭頭吧！」

我用力舉起手從〈**一個人玩**〉到〈**多人遊戲**〉的方向揮了好幾下，做勢拉了一條箭頭。

黑助：「在〈**遊戲腦**〉群組裡有一張便利貼是『遊戲對健康不好』，那可以從這個群組拉到〈**健康**〉群組嗎？」

美紅：「對啊！健康跟『線上遊戲廢人』也正好是相對的耶！」

此時，黑助伸出手指從〈**遊戲腦**〉到〈**健康**〉拉了一條箭頭。

真白：「〈**操作性能**〉或是〈**大手筆遊戲**〉之類的要花很多錢，感覺有點遙不可及；而〈**節約**〉是從現實面考量金錢的問題，總覺得這幾個也是完全相反的感覺。」

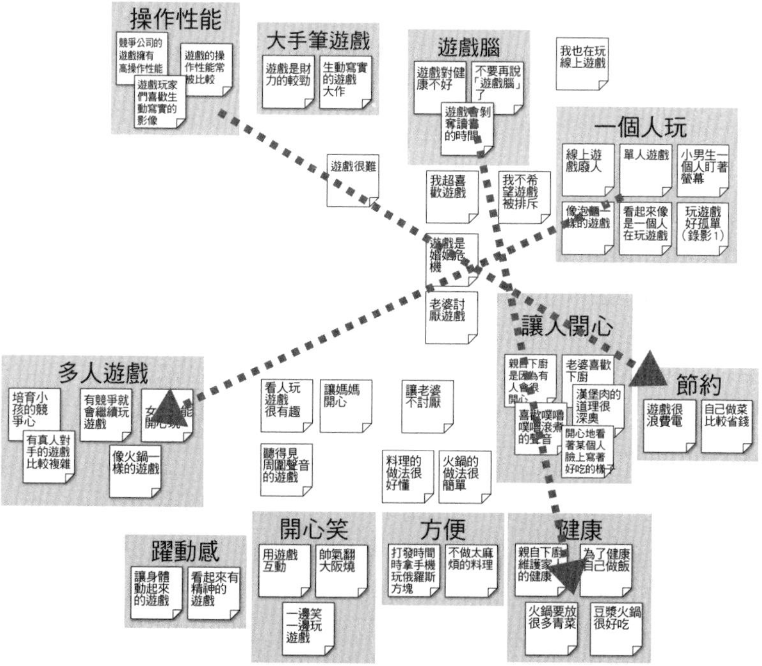

真白從〈**操作性能**〉和〈**大手筆遊戲**〉的中間揮手拉了一條箭頭到〈**節約**〉的方向。

美紅：「三條箭頭的交叉點正好又是在『遊戲是婚姻危機』耶！這個部分究竟有什麼意義呢……」

葉月：「〈**大手筆遊戲**〉和〈**方便**〉的意思好像相反！然後〈**躍動感**〉和『小男生一個人盯著螢幕』的意義好像也不同耶！」

黑助：「〈**一個人玩**〉的感覺和〈**開心笑**〉正好相反，並且和〈讓人開心〉也正好相反……可以拉好幾條箭頭耶！」

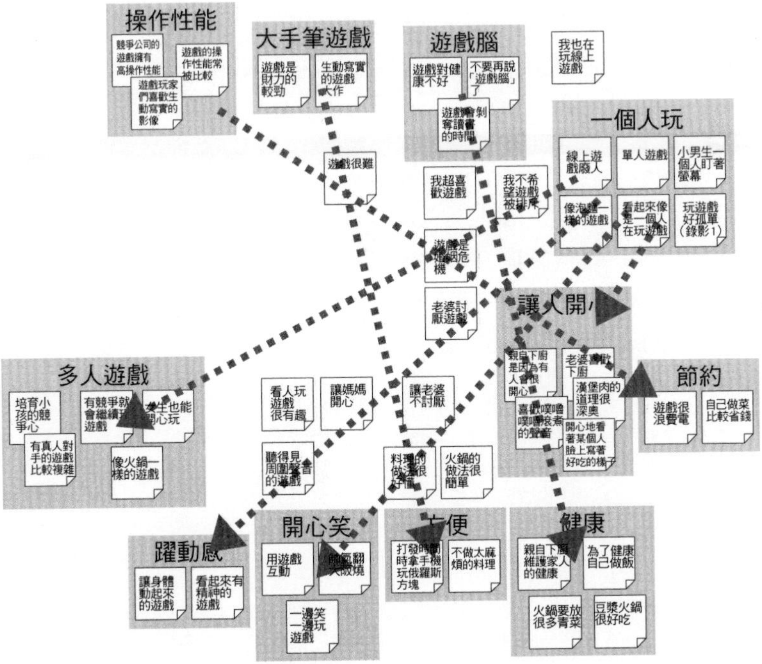

故事化1：在意思完全相反的群組或便利貼之間，朝著想要前進的方向拉一條箭頭。

呈現在眼前的所有群組之間似乎存在著什麼關係似的，我看著夥伴們拉起的每一條箭頭，開始問大家問題。

玉樹：「哎呀！大家真是厲害呀！再把群組整理得漂亮一點就會更加清楚，我們拉了七條箭頭，而這七條箭頭正是我們的願望，無論如何我們都要實現它。所以我要再問大家一個問題，**這七條箭頭如果硬是要結合成一條的話**，從哪裡到哪裡該怎麼拉比較好呢？」

米吉：「嗯～箭頭的起點是在上半部的四個群組，而箭頭的終點是在下半部的幾個群組，上半部的箭頭總覺得有點由左向右的感覺，而下半部的箭頭有點由右向左的感覺，這麼的話……」

美紅：「有點像平假名的『つ』字形耶！從〈**操作性能**〉劃一個弧形到下面〈**躍動感**〉就可以了。」

真白：「真的耶！全部的箭頭看起來變成是一條大箭頭了。」

真白在桌上不停地寫著平假名「つ」，我們也可以清楚地看見一個大方向。

玉樹：「這個大箭頭的方向要告訴我們一個概念工作的大訊息，從大家寫下的便利貼當中即將傳達一個我們始料未及的事，從這裡開始就是概念工作的真本事了。」

首先，在大箭頭的起點和終點各放一個記號，在便利貼用紅筆寫下起點的『S』和終點的『G』，而我們希望從『S』出發前進到『G』，但

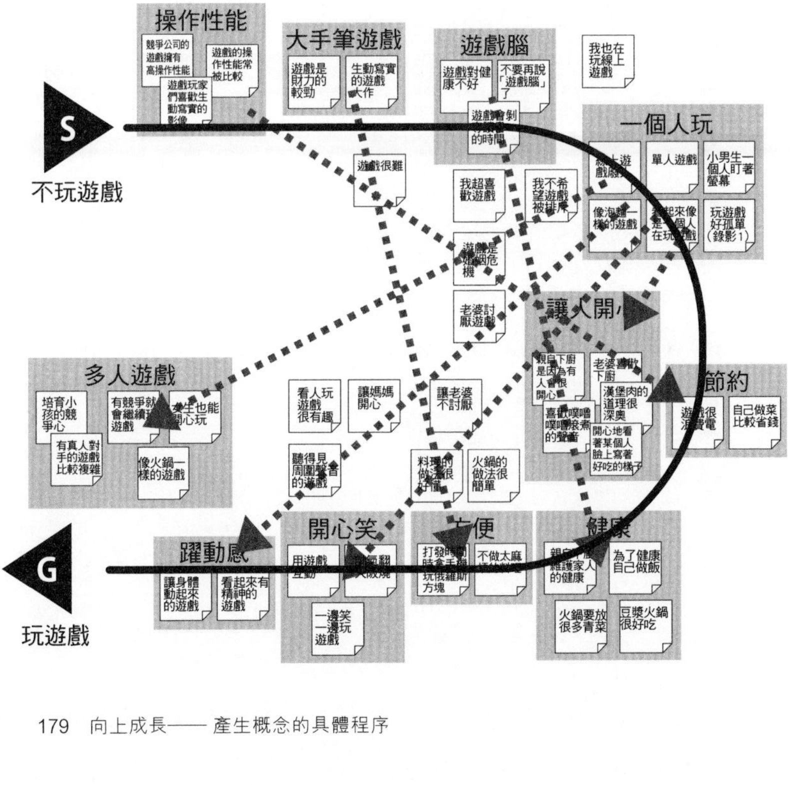

從『S』前進到『G』，有什麼事是值得我們開心的呢？世界又會有什麼改變呢？」

黑助：「當然是完成新世代遊戲機的企畫案啊！」

美紅：「這裡指的應該不是工作的事，而是心情的問題吧？」

葉月：「『S』周圍的遊戲已經有很多了，說真的我好想玩玩看『G』周圍的遊戲是個什麼樣的遊戲……」

葉月的反應真敏銳！

米吉：「『S』是我們現在的情況，現狀就是玩家人口無法再增加；而只要我們實現了類似『G』的未來，這個現狀將會有所改變。現在不玩遊戲的人總有一天也會開始玩遊戲……『擴大玩家人口』的任務就會實現。」

黑助：「對耶！簡單來說『S』就是『不玩遊戲』、『G』就是『玩遊戲』，就是只要從『S』走到『G』這麼簡單而已。真希望我老婆也移動一下……」

從桌上的便利貼中找到一條大箭頭時，那個瞬間正是呈現概念工作整體訊息的瞬間。

這條大箭頭所呈現的是**「不玩遊戲的人變得愛玩遊戲」**的故事，這也是冒險的全體夥伴打從心底期望的事。

故事化2：將在故事化1階段拉起的所有箭頭依箭頭方向結合成一條大箭頭，並設置起點「S」（Start）和終點「G」（Goal）。

玉樹：「也許可行喔！只要可以讓老婆大人走到『G』就好！只要沿著這個概念開發新世代遊戲機就沒問題了。而我們必須知道顧客是以什麼樣的心情和經驗從『S』移動到『G』，就從這個出發點開始創作故事吧！真白，你要不要先試試看，順著箭頭的方向將整體說成一個故事。**就像跳著石頭渡河一樣跳啊跳的念出所有群組名稱就可以。**」

真白：「啊，好啊……我先試試看吧！S是『不玩遊戲』的意思嘛！那就……**在某個地方有個人不喜歡玩遊戲。因為以〈高操作性能〉開發的〈大手筆遊**

戲〉，當他〈一個人玩〉時，總是有人說那叫做〈遊戲腦〉，遊戲就變得令人討厭。此後，開發了一個遊戲可以〈讓人開心〉，使人〈健康〉，又能〈節約〉，又變得很〈方便〉，自從有了〈多個人〉一起〈開心笑〉有〈躍動感〉的遊戲，不玩遊戲的人也開始變得愛玩遊戲了。

這樣可以嗎？」

美紅：「了不起！聽起來就像是一個故事一樣！」

葉月：「新世代遊戲機的概念這不就完成了嗎？就照這麼做就好了。」

玉樹：「總結方法實在太厲害了！真白，謝謝妳！真的是一個又好懂又有趣的故事，這個成果多虧大家集思廣益寫下這麼多張便利貼才得以實現。」

故事化3：像跳石頭一樣從「S」到「G」跳著念出群組名

稱，創作一個「假設性的故事」。

美紅：「這樣的新世代遊戲機如果真的開發成功了，那真的是一個大新聞啊！」

大家似乎都能接受這個故事，只有米吉一副欲言又止的樣子。問了他的想法之後，他開始滔滔不絕地說……

米吉：「剛剛聽了美紅的話之後，總覺得有一點不對勁……我們一直在思考的概念真的是新世代遊戲機的概念嗎？如果聽到新世代遊戲機通常大家想像的可能是操作性能變得很厲害，例如：至今市場上都沒出現的3D影像，或是遊戲手把質感變得很高等等之類的。但現在大家在想的東西總覺得哪裡怪怪的……」

黑助：「怎麼會呢？那些終究只是停留在『S』周圍的話題，都只是遊戲業界史上一成不變的做法，而且在『S』周圍的競爭已經越來越讓人覺得精疲力竭，客源也越來越少了。」

玉樹：「我想現在的討論正好切中概念工作的核心，看著桌上一堆堆便利貼，用它們的群組名稱串連而成的故事，這已經相當接近我們所追求的概念終點了。**因為大家寫下的便利貼一張都沒丟掉，這是大家費盡心思所寫下的故事**，我想大家都能夠理解才對。至少在這個概念工作的空間裡，應該沒有人反對這個故事。當然我心裡也希望不玩遊戲的人也能開始變得愛玩遊戲。

但米吉卻覺得『這並不是新世代遊戲機』……其實換一個角度想，這證明了我們正在進行的概念中**潛藏著未知的好**。我們的心裡都知道這個故事是好的，但回到現實世界認真思考時，總覺得哪裡不對勁。到目前為止開發新世代遊戲機理所當然的東西漸漸消失，而我們開始談論大家原本不認為有價值的東西，大家才會覺得不對勁吧！」

米吉：「原來是未知的好啊……」

葉月：「雖說是未知的好，但已經有很多遊戲──像是《瑪利歐賽車》或是《瑪利歐大亂鬥》等──業績不錯大家玩得也開心，要這麼說的話『G』周圍的遊戲才是我們的專業領域吧？讓人吵吵鬧鬧開心玩的遊戲我們早就擁有了，不是嗎？哪還有什麼已知、未知的呢！」

米吉：「說的對耶！那些遊戲我們早就有了……這麼說的話，我們的概念不就更容易完成了。」

玉樹：「沒錯！葉月說的《瑪利歐賽車》和《瑪利歐大亂鬥》等遊戲軟體的確是開發新世代遊戲機時所需要的道具（item）。請大家再回想一下，**概念是由道具和願景結合而成**的，因此也就是說願景和道具都備齊了，概念自然就會完成。」

黑助：「這麼說的話，就是還沒備齊的意思嗎？」

玉樹：「真白剛剛說的故事，我想大家都已經能夠理解了，但並不是每個人都能說得清楚明白，米吉心裡的不對勁就是最好的證據。所以，現在這個故事充其量只能說是一個「假設性的故事」。

因此，如果要突破這個心頭的不對勁，創作一個客觀且有邏輯性的故事，我們必須再增加便利貼。像葉月剛才所說的，也許有一些是我們早就擁有卻從來沒發現的道具，也或者也許有一些藏在我們心裡，卻還沒被激發出來的願景。

讓我們將視線再回到桌子上，但不是只用看的，而是帶著懷疑的眼光尋找『在假設性的故事中每張便利貼扮演了什麼角色？』舉例來說，有張便利貼『遊戲的操作性能常被比較』放在起點『S』的附近，讓我們和「假設性故事」一對照就知道，這個和不熱衷遊戲的人息息相關。可是，我們再仔細想想，不玩遊戲的人他們會比較遊戲的操作性能嗎？」

葉月：「能夠看出操作性能價值的人都早就買遊戲了吧！」

玉樹：「沒錯！不懂操作性能，就無從比較……正因為不知道該怎麼買才不買的吧！」

我在便利貼寫下「不知道怎麼挑」貼在桌上的同時，思考著該如何進行概念工作。一開始我們整理每張便利貼後設定了起點「S」、終點「G」和「假設性故事」；而現在我們從桌上的整體結構看出了一個故事之後，我們要開始思考每張便利貼在故事中扮演了什麼角色。就好像組裝得亂七八糟的拼圖一樣，我們將會找出每一片零件原本的意義和功能。

故事化4：以「假設性故事」為基底，再新增便利貼和群組。

葉月：「雖然說『遊戲玩家們喜歡生動寫實的影像』，但這和不玩遊戲的人無關吧！」

黑助：「連遊戲是什麼都不知道了，他們哪會在乎什麼是生動寫實的影像啊！」

米吉：「嗯～不知不覺大家的發言越來越激烈了……為了要讓不玩遊戲的人開始玩遊戲，生動寫實的影像似乎沒必要的樣子。」

說著說著，米吉用非常工整的字寫下「根本就不知道」，看樣子他早就習慣這樣工工整整地寫字了。

之後一口氣又新增了許多的便利貼，下一頁是我們新增許多便利貼後最終的樣子。

※新增的便利貼以斜線表示，新增的群組以深色表示

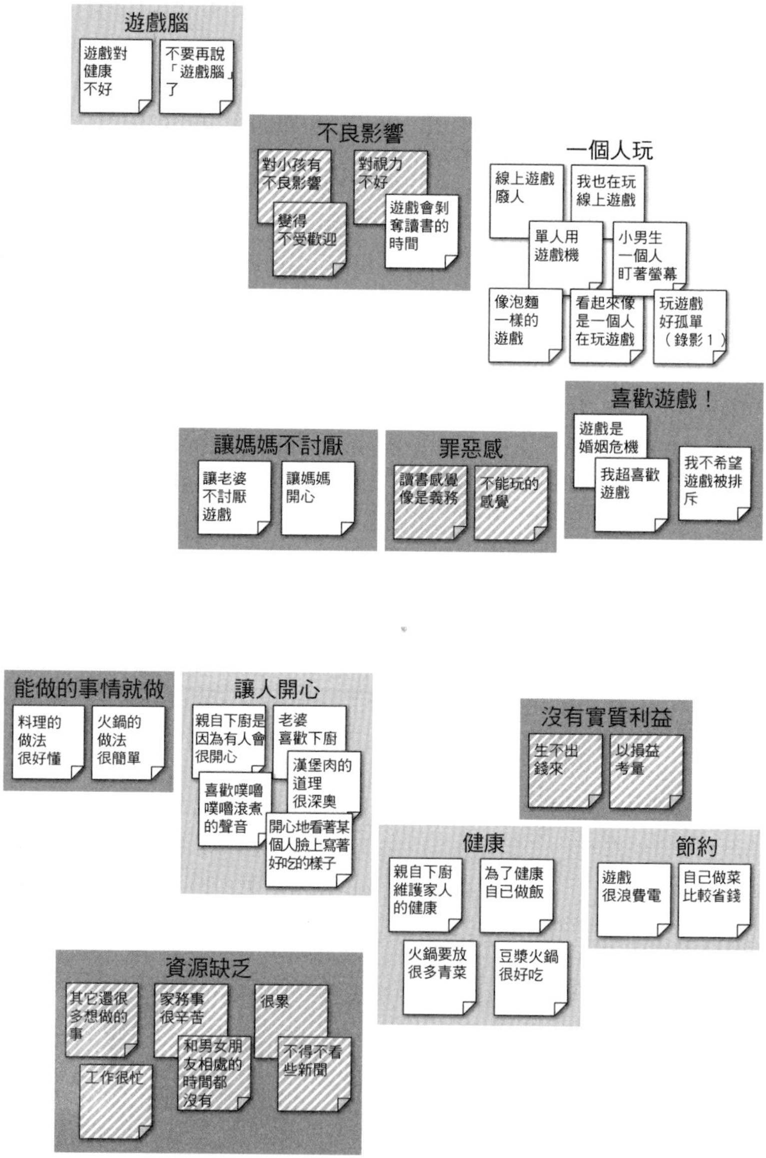

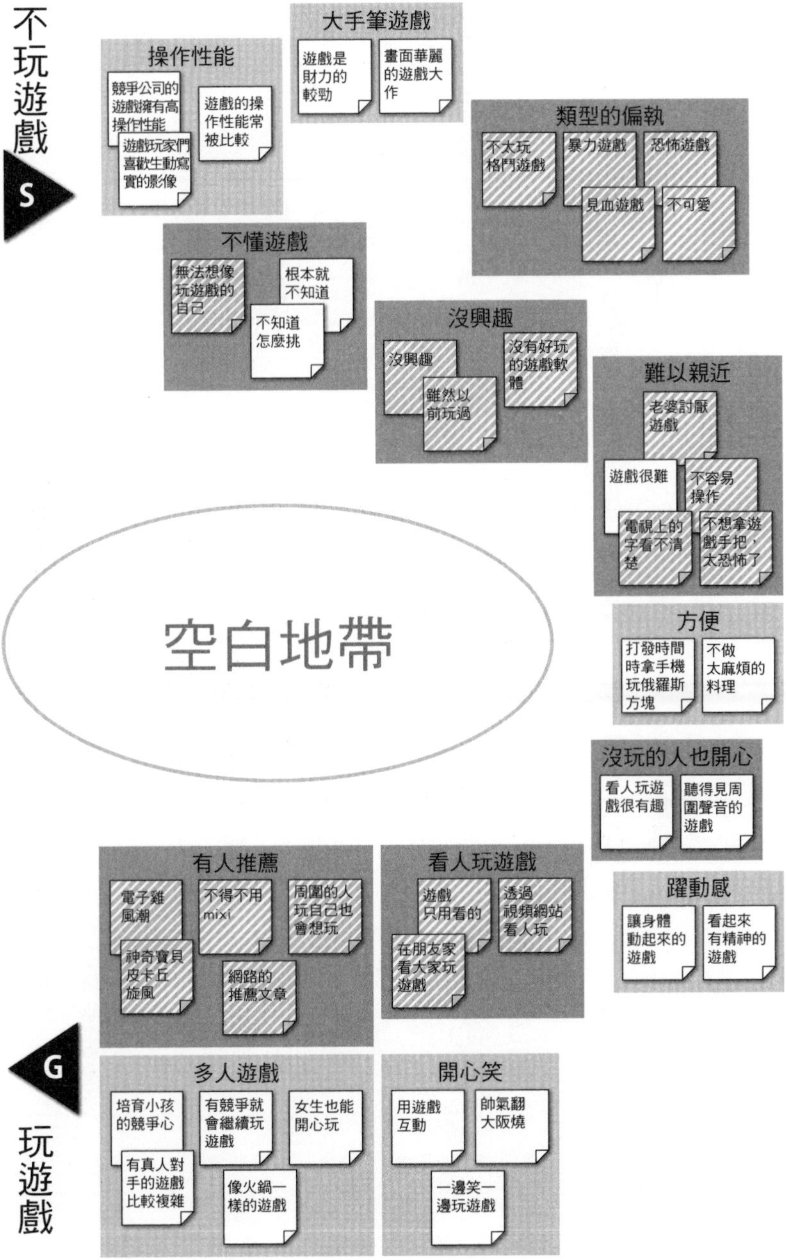

不玩遊戲
S
操作性能
競爭公司的遊戲擁有高操作性能
遊戲玩家們喜歡生動寫實的影像
遊戲的操作性能常被比較
大手筆遊戲
遊戲是財力的較勁
畫面華麗的遊戲大作
類型的偏執
不太玩格鬥遊戲
暴力遊戲
恐怖遊戲
見血遊戲
不可愛
不懂遊戲
無法想像玩遊戲的自己
根本就不知道
不知道怎麼挑
沒興趣
沒興趣
雖然以前玩過
沒有好玩的遊戲軟體
難以親近
老婆討厭遊戲
遊戲很難
不容易操作
電視上的字看不清楚
不想拿遊戲手把，太恐怖了
空白地帶
方便
打發時間時拿手機玩俄羅斯方塊
不做太麻煩的料理
沒玩的人也開心
看人玩遊戲很有趣
聽得見周圍聲音的遊戲
有人推薦
電子雞風潮
不得不用mixi
周圍的人玩自己也會想玩
神奇寶貝皮卡丘旋風
網路的推薦文章
看人玩遊戲
遊戲只用看的
透過視頻網站看人玩
在朋友家看大家玩遊戲
躍動感
讓身體動起來的遊戲
看起來有精神的遊戲
G
玩遊戲
多人遊戲
培育小孩的競爭心
有競爭就會繼續玩遊戲
女生也能開心玩
有真人對手的遊戲比較複雜
像火鍋一樣的遊戲
開心笑
用遊戲互動
帥氣翻大阪燒
一邊笑一邊玩遊戲

在起點「S」的附近又新增了〈**不懂遊戲**〉、〈**沒興趣**〉和〈**難以親近**〉三個群組。即使是在遊戲業界受到高度評價的遊戲，對於不懂遊戲且對遊戲沒興趣的人而言根本沒有任何意義。

就算那個人對熱門的遊戲多少會感到一點興趣，但遊戲本身太難操作或讓人覺得難以親近的話，中途放棄的人也不在少數。這些話說起來好像有點理所當然，但仔細想想這在概念工作的一開始誰都沒有辦法說清楚講明白，豈止是用說的，我們根本壓根都沒想到，因為我們的討論一直停在「若不大手筆開發新世代遊戲機就無法成功」的迷思中。

此外，新增了〈**不良影響**〉和〈**罪惡感**〉等心理障礙的群組，尤其是「對小孩有不良影響」這張新的便利貼，對處在遊戲業界的我而言更是一個令人傷心的話題。我是那麼喜歡遊戲，腦海中想的都是「如果自己有了小孩一定會跟他一起玩遊戲」，所以這張便利貼無論如何我都無法接受。

其它還有類似遊戲〈**沒有實質利益**〉，資金、勞力等〈**資源缺乏**〉的問題；而另一方面也有人〈**看人玩遊戲**〉就會感到快樂，以及〈**有人推薦**〉就玩玩看等等。為了增加遊戲的樂趣我們又新增了一疊厚厚的便利貼。

合計一共又新增了三十四張便利貼、追加了十四個群組，位置也都重新調整過了，但概念工作現場的討論依舊熱烈。

玉樹：「無論便利貼的位置再怎麼調整，起點『S』和終點『G』中間仍然有個空白地帶。原本所呈現的平假名『つ』字形，由左向右變得更大更彎曲並沒有什麼太大的問題，但是在概念工作中出現了一個大空白，那一定有什麼意義存在，我一直在想這個問題想不出個頭緒。」

黑助：「難得玉樹也會洩氣。」

美紅：「避開空白地帶的話這個故事就成立了，應該不必太在意吧？」

米吉：「正因為有一塊空白，應該**有什麼是我們還沒有注意到的事吧！……**」

玉樹：「正因為有這個可能性，我才頭痛！畢竟這個空白地帶是起點『S』和終點『G』之間最短的距離。原本應該是不玩遊戲的人從不懂遊戲且對遊戲沒興趣，變成有人推薦遊戲，看看別人玩遊戲，甚至最後自己也開始玩遊戲，可是……」

概念工作領導者終於快要藏不住不安的情緒，但概念工作進行到這裡，冒險的夥伴們應該變得很堅強了，既然是大家一起執行的概念工作，現在正是依賴夥伴們的時候了。

不出我所料，終究我的不安還是得靠夥伴們救援。

黑助：「聽起來可能有點厚臉皮，但若要增加玩家人口的話，打個廣告就夠了吧？」

美紅：「啊，對耶！打廣告！平假名『つ』字形右側的途徑是我們想出來的故事，但似乎還有另外一個故事。針對不懂遊戲的潛在玩家，讓他們看看別人玩遊戲，向他們推薦遊戲，同時讓他們試玩遊戲，這是一條從『S』到『G』的捷徑吧！」

故事化5：在桌上若有無法解釋的部分（沒用在「假設性故事」的便利貼或沒有便利貼的空白地帶），也要加以解釋說明。若有多條解決問題的途徑，全都用箭頭連接起來。

玉樹：「而且，打廣告還是個讓幾百萬人同時觀注遊戲的方法；雖然要花很多錢，但這個方法只要花錢就能達到目標。」

黑助：「但這些事我們公司現在也實際在做了，但還是什麼新的遊戲機都沒做出來啊！」

米吉：「也就是說這個途徑是成立的，只是很花錢所以是個不容易執行的途徑。」

葉月：「但是，就算順著『つ』字的途徑走，也很花錢不是嗎？每個玩家的興趣不同，專為個人設計的話，必須開發幾千、幾百個遊戲才能解決問題吧？」

葉月的確說到重點了。

玉樹：「從起點『S』開始往右出發，通過**〈類型的偏執〉**、**〈遊戲腦〉**、**〈不良影響〉**、**〈一個人玩〉**、**〈喜歡遊戲〉**和**〈沒有實質利益〉**是個繞遠路的故事，如果要針對上述所有的重點開發遊戲，則遊戲本身不僅必須具備很多功能，也必須開發各式各樣的遊戲軟體，終究還是要花很多錢……」

美紅：「在繞遠路的途徑上不是還有個類型是〈一個人玩〉嗎？就算開發了新世代遊戲機，終究還是一個人玩的話，那也是個大問題。」

米吉：「繞遠路也許能讓某個潛在玩家開始玩遊戲，有高操作性能，有大手筆遊戲，也有喜歡的遊戲類型，這是遊戲發展初期設定的遊戲形象。但漸漸地熱愛遊戲的人越來越多，因此就有人說這是個不良影響……至今的遊戲業界就是這樣發展起來的。」

聽了米吉的這一番話之後，我開始思考吸引玩家一個個開始玩遊戲的繞遠路途徑究竟是好是壞。那確實是擴大玩家人口的方法之一，卻是個太異想天開且困難重重的方法。迎合世上所有人的興趣和嗜好，開發無數個頂級遊戲，這真的有可能實現嗎？再加上，當今的遊戲業者都追求的這個途徑不也都已經走投無路了嗎？

玉樹：「我們再重新整理一下，至此我們想像的『つ』字形途徑，只是以**個人**為目標擴大玩家人口故事；新發現的最短距離才是讓全世界所有人同時開始遊戲的方法，也就是上下一直線的途徑才是以**大眾**為目標的擴大玩家人口故事。」

美紅：「正因為是個異想天開又花錢的方法，才會空出一個空白地帶吧！」

真白：「總覺得用廣告推銷遊戲和遊戲本身暢銷是兩回事，我不喜歡。」

葉月：「說得也是，大眾的途徑怎麼說都不是遊戲機的企畫，但回到剛才的話題，個人的途徑也很花錢吧？」

玉樹：「繞遠路的途徑，

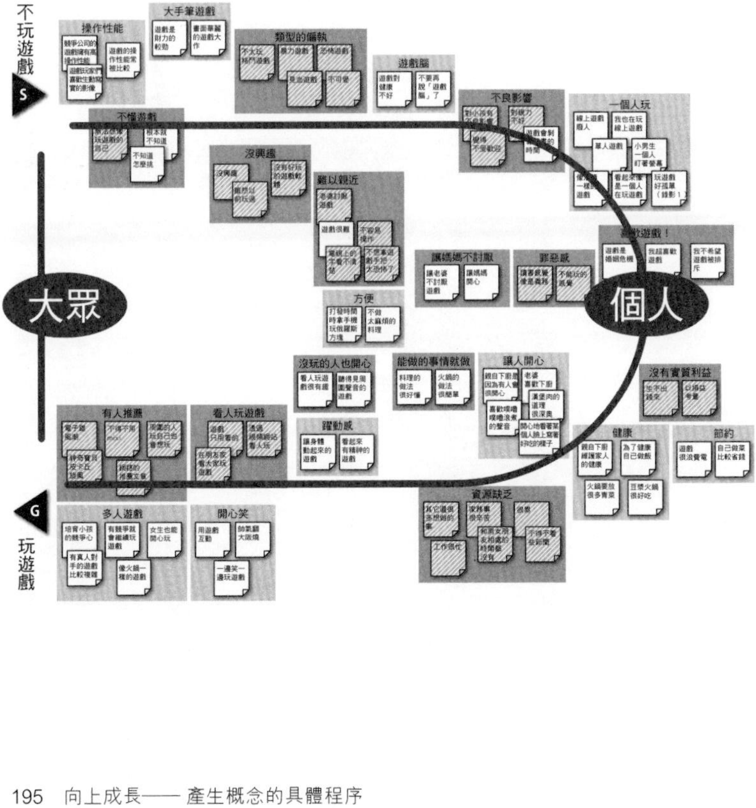

在內容上必須完全迎合每一個玩家大量生產遊戲，中途還有個麻煩問題——**〈遊戲腦〉**，再加上有個群組是**〈沒有實質利益〉**，遊戲中如果牽扯到金錢交易的話就更是火藥味十足了。」

黑助：「那就是說個人途徑也行不通囉！那我們討論到現在的意義是什麼？大眾途徑不行，個人途徑也不行，那還有其它方法嗎？」

玉樹：「執行概念工作時沒有必要說謊，大家所說的都正確，大眾途徑不行，個人途徑也行不通，確實都不具現實性。」

我用字遣詞小心翼翼地總結了現狀，說實在的兩個途徑都不具現實性。

葉月：「欸？都不行嗎？也就是說……概念工作失敗了？」

黑助：「饒了我吧……拜託，玉樹，想個辦法啦！我們這麼辛苦都要泡湯了嗎？」

美紅：「有什麼辦法嘛！有時候出不來就是出不來，至少我們分析出來大眾途徑和個人途徑都行不通，這樣也算賺到了啊！」

真白：「嗚……」

玉樹：「……偶爾也會像現在這樣到處碰壁。」

黑助：「知道了啦！親身體驗到了！」（嘆氣）

玉樹：「真正的課題現在才要開始，不能現在就放棄，我們一定要相信可以找到什麼突破點，再重新仔細看看桌上的排列吧！我們寫下的便利貼當中，應該有什麼是可以補充概念的故事，不可能沒有的。」

我拚命地找，想盡辦法要找出便利貼當中的故事。

但是，真的找不到一丁點感覺。

美紅雙手抱在胸前看著天花板，真白似乎很自責的樣子無精打彩地在發呆。

美紅：「真是傷腦筋啊！」

米吉：「玉樹……其它還有什麼是概念工作常用的方法呢？」

玉樹：「常用的方法啊？嗯……對了，有個可以問的問題還沒用——**以電影為例的方法**。我們現在的處境像什麼樣的電影呢？雖然我自己先說不太好，但老實說我們現在正處在一個山窮水盡、走投無路的畫面吧！」

黑助：「現在不閒聊說這些的時候吧！」

玉樹：「黑助，冷靜一點，概念工作的過程本來就是慢條斯理的，不慢慢來反而不行。越急著想要找到答案，我們想事情的視野就會越狹窄，我們今天不就是說一些和遊戲完全無關的料理話題，反而讓話題拓展到新的遊戲藍圖了嗎？」

黑助：「我懂～我都懂～但辛辛苦苦進行的概念工作，現在眼見就要泡湯了，我怎麼會不煩啊！各位。」

米吉：「好啦！黑助，想一想嘛！一定可以想出什麼答案的啦！」

黑助直盯著桌上看不發一語，米吉想要顧全黑助的心情，就要用樂觀的態度面對，他有精神地吐出一口氣。

米吉：「我們現在的情況只有兩個選擇，但我們知道選哪個都不好。用電影舉例的話，深愛的女友和重要的故鄉同時遇難時，到底要先救哪個？兩個都想救，就像電影主角無法抉擇的困擾一樣。」

葉月：「我選故鄉，男人都不可靠。」

葉月總是很敢說。

真白：「我哪個都不選，我一定要找出一個兩者都不必放棄的第三個方法。電影嘛～最後的結局一定是帶著女友回到故鄉舉行婚禮，絕對會這樣演的。」

黑助：「那是電影的結局，在現實世界裡兩個都想要卻往往哪個都得不到，不是嗎？俗話說得好『魚與熊掌不可兼得』。」

米吉：「黑助哥，不可以否定夥伴的意見喔！用電影舉例的話本來就是這樣，在電影的世界裡平均每個小時就會出現一次奇蹟，但在現實世界裡奇蹟並不可能像電影一樣經常出現。我現在才想到，就用這種感覺來執行概念工作也許剛剛好。**無論是採取大眾途徑或採取個人途徑都很難，儘管如此我們還是得面對擴大玩家人口的問題。**雖然大眾途徑和個人途徑，不管用哪個方法都至少能夠增加一個玩家人口，但我們為了要達到最具爆發性且最棒的目標，至少要增加一定人數以上的玩家人口才行，我們必須企畫的正是那樣的未來。」

聽著米吉充滿自信說明的同時，我忽然聽到一個關鍵字。

……「人口」？

對了，還有一個方法可以理解桌上整體的概念工作！

玉樹：「米吉，真是太謝謝你了！我忽然想到一個不錯的點子，讓我們再回頭看看桌子上，**橫軸其實是代表人數**。

左側是**大眾，無限大的人數**；而右側是**個人，最小的人數**。操作性能高或大手筆的遊戲是可以吸引千萬人的遊戲，而像泡麵的遊戲是一個人玩的遊戲；這就好比不懂遊戲的一般大眾和熱愛遊戲每個玩家；**橫軸代表的就是「人數」**。」

美紅：「確實整理起來就是越往右側越是個人的問題，而越往左側越是大眾的問題。憑直覺整理起來的便利貼，卻有著一直沒發現亦無法言喻的現象。」

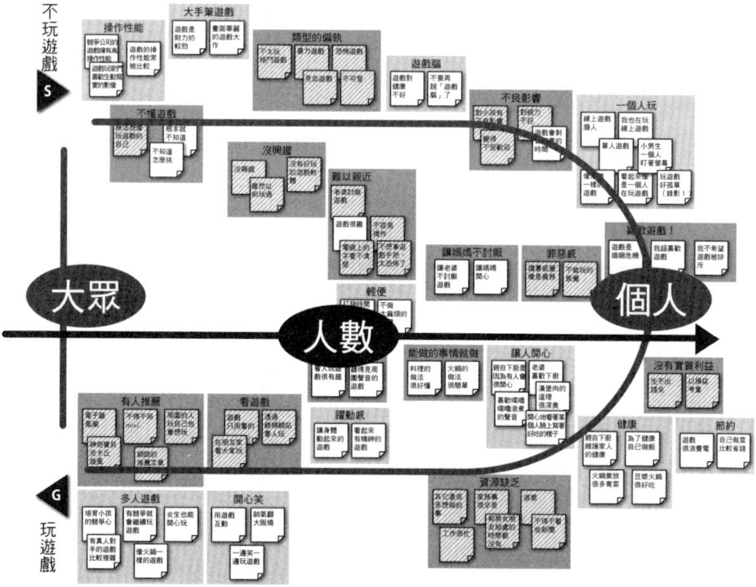

在執行了概念工作之後，我總算明白為什麼我們要刻意將意見寫在便利貼上，又為什麼要不斷地調整位置了。

在我的心裡就算發現了什麼，卻難以用言語表達的事其實很多。

就算是並列「大眾」和「個人」兩個詞，在這之間要發現「人數多寡」的座標軸，簡直太令人出乎意料了。因為太過於理所當然，說出來總會讓人覺得是廢話，就覺得不會得到任何回應，不知不覺就藏在心裡了，甚至就算有這樣的想法也早就從心裡去除了。

概念工作的最後方法：當你發現任何途徑都難以解決問題，任何途徑都不是概念工作的最佳解答時，那表示還有其它尚未發現的解決方法。感到前方是窮途末路時，先退一步重新再看看寫下的便利貼。在俯瞰整體便利貼之後你會發現一條一直都沒想到的橫軸。（在此次的案例就在「大眾」的途徑與「個人」的途徑之間發現了「人數」的橫軸）

就像這個案例一樣，偶爾會到概念工作的最後一幕才出現一直沒發現的現象

（軸）。因此身為概念工作領袖的你必須經常思考「是不是還有沒發現的軸呢」。

黑助：「這跟概念工作又有什麼關係？」

美紅：「黑助啊！大眾與個人就是最大的人數和最小的人數，也就是說……」

葉月：「也就是說，在那中間的事我們一直都沒發現。」

米吉：「意思就是救女友或救故鄉的方法，不是只能救女友，也不是只能救故鄉而已。」

黑助：「什麼？搞不清楚狀況的只有我一個人啊？」

除了黑助之外，似乎大家都看到答案了，多虧有大家的意見我才能鬆了一口氣，我們繼續往下進行。

玉樹：「還有第三個途徑喔！我總算看出來了，就在大眾和個人的正中間……用大眾途徑不容易，用個人途徑也不容易，但是如果開發一個讓媽媽們也能樂在其中的遊戲機，**讓全家人能一起開心玩**的話，也許可行！」

真白：「媽媽不喜歡遊戲，所以全家人根本沒有機會一起玩遊戲。但換句話說，以媽媽為遊戲的契機，**不是大眾也不是個人，而是以『家庭』為單位，開發一個讓人開心的遊戲**，是吧！」

米吉：「在我老家，我媽媽總是把接在客廳大電視上的遊戲機收得乾乾淨淨的，這樣一來，根本不可能全家人有機會一起玩遊戲嘛！」

玉樹：「太好了！米吉，用正中間的途徑也說個故事看看吧！」

米吉：「欸？是我嗎？嗯……為了讓〈不懂遊戲〉且〈對遊戲不感興趣〉的人也能〈開心玩遊戲〉，必須開發一個〈容易親近〉且〈方便〉的遊戲機。這麼一來〈家裡的媽媽就愛上遊戲〉，而〈全家人也能開心玩〉，媽媽

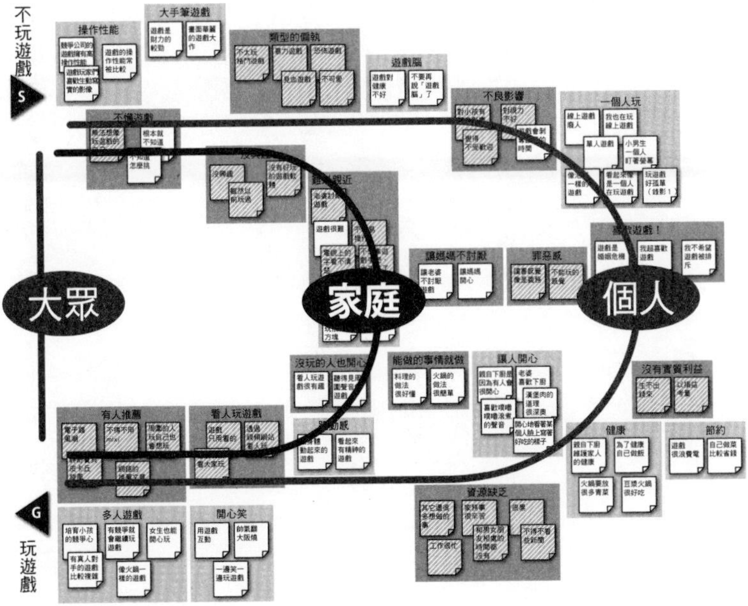

〈看到家人玩遊戲的樣子就很開心〉，大家再〈邀約媽媽也加入遊戲〉，此後〈媽媽也變得愛玩遊戲〉。

是這樣嗎？」

玉樹：「太厲害了！」

黑助：「家庭啊……」

黑助又是一副狐疑的樣子，但看起來並不是不喜歡的表情。

美紅：「不論是大眾途徑或是個人途徑，不論是打廣告或者是開發多款遊戲軟體，這些畢竟都是以財力較勁。但家庭途徑的話，我們也許只要在遊戲機的設計上多下點工夫就能達成。必要的條件有〈容易親近〉、〈方便〉、〈躍動感〉、〈讓人開心〉、〈健康〉、〈多人遊戲〉和〈開心笑〉等等，……重點就是像火鍋一樣的遊戲啦！喂～黑助，這不就是你想出來的便利貼嗎？『像火鍋一樣的遊戲』啊！」

葉月：「明明陷入婚姻危機的是黑助哥吧？」

黑助：「知道了，知道了，不好意思啦！」

玉樹：「米吉，謝謝！你的意見真是太棒了！」

米吉：「啊！不會啦！」

玉樹：「我們總算進行到這一步了……這個結論大家都能接受嗎？」
美紅：「太完美了！弄了好久，但總算找到解決問題的方法了！」
玉樹：「再一下子概念工作就要完成了，我們都先休息一下！」
黑助：「啊～還要繼續啊？」

故事化6：得到全體參加夥伴認同之前，不斷持續故事化。

概念工作

步驟四

依故事化1～6順序，更新並總結「假設性故事」

「大眾」方法盡是透過打廣告吸引大多數的遊戲玩家，而「個人」方定律是因應所有的顧客需求盡其所能大量投入資源開發產品，無論是哪種方法都需要龐大的資源。上述方法都屬於「已知的好」，長年以來不計其數的遊戲業者都持續選擇了這兩個戰略。

但是，我們提出的方法與至今遊戲業界採取的方法完全不同，也就是「家庭」。再仔細想一想兩個關鍵字「家庭」和「遊戲」，這兩個關鍵字給人的印象簡直是天壤之別。雖然如此，在我們的概念工作室裡完成的故事卻都得到所有參加人員的認同。

我們總算要進入概念工作的最後一幕了。

桌上像是佈滿了星星的星空，在那裡隱藏了三個途徑，而其中兩個只是虛設的。勇者為了要前往未知的好而必須找出的途徑，很巧妙地隱藏在這兩個虛設的途徑之間。真正的途徑一直都在，我們只是無意識地讓它掩沒在那裡。

從我們心裡產生的星星已經變成星座佈滿星空，我們也已經開始編寫新的故事，現在在這片星空裡可以看見每一顆星星都明亮無比。

概念工作夥伴們提出的每個意見，即使都是不可或缺的願景，然而卻是如此地脆弱，如此輕易地就會被否決掉。但因為夥伴們彼此牽繫，所以在佈滿星座的星空裡已經形成了一個故事，在星光璀璨的星空裡已經沒有任何事會再被否決了。

但是，在概念探險旅程的最後我們要挑戰的是與星光的對決，因為眩目的星光已經緊緊地抓住了黑鴉鴉的我。

是的，那是我的影子。

13 挑戰黑影——完成概念

玉樹：「好！在休息的時候大家有沒有想到什麼啊？分享一下吧！」

米吉：「這麼說雖然有點不好意思『家庭』很溫暖又有人情味，我個人非常喜歡！我很想把這個當做是一個新的嘗試，看看消費者的反應，也想一起改變這個世界。」

葉月：「在這個團隊裡，我想不會有人再有意見了，但若是要向誰解說時就很傷腦筋了。大家在這個工作室裡就充滿自信，走出這個工作室之後不安的情緒一定又會湧上來。因為到目前為止的討論，也有一部分的答案否定了我們的工作。」

米吉：「嗯……應該怎麼說呢～這感覺就像是個奇蹟一樣，如果我們真的做到了，那真的是個奇蹟，但奇蹟終歸只是個奇蹟，我們還缺乏現實面的一些什麼……」

「向上成長」的第五個考驗

美紅：「像我這樣的公司元老不應該先發言的……但我們需要確實的證據來證

明這個概念能完成。等一下出了這個會議室，我必須向營運部門說明我們的概念，到時希望大家能充滿自信、理直氣壯地跟我一起去。所以在這個階段我們必須先做好準備等一下才會有自信。但怎麼說心裡還是覺得很不安！」

難得美紅說話也會那麼地輕聲細語……沒錯！就是這樣的狀況，這些都是正常反應，對於這個自己所編寫的故事，請大家盡量說出心裡的懷疑和不安。

衝破黑影1：傾聽對故事的所有不安。

真白：「願景已經達成共識，但我們究竟該怎麼做？具體的部分似乎還沒出來。」

玉樹：「沒錯！**概念是由道具和願景結合而成的，也就是『使用○○道具，以實現××願景』的結構**。現在桌上有很多願景，結果『家庭』就像所有願景的大頭目一樣，我們還欠缺道具。該怎麼做才能實現願景？大家最想知道的就是這部分吧！」

黑助：「研發組的人最終想知道的就是這個部分啊！難道說我們的討論還要決

定商品的操作性能等（各種功能）嗎？現在開始如果要討論技術方面的各項細節，要花很多時間吧？」

玉樹：「聚集在這的每個成員都很優秀，但就憑我們幾人要想出各種功能太辛苦了，有大致的方向就可以。我們想做的是家用遊戲機，能用在家用遊戲機的道具有哪些？眼前這些便利貼應該會有一些提示。舉例來說，〈操作性能〉就是個道具，有哪些能運用在我們要開發的家用遊戲機上？我們又該選擇什麼樣的操作性能？」

黑助：「操作性能越好當然表示東西越好……這些話我早就說過了吧！」

米吉：「操作性能當然很重要，這一點不會改變，但現在我們應該把焦點放在『家庭』這個故事，我們都希望〈**不懂遊戲**〉的人也能買我們開發的遊戲吧！這種話要說出口其實心裡很害怕……既然是這樣，我想操作性能也許並不是那麼的重要。」

美紅：「大家越說越激烈了，這些話如果走出工作室才說，勢必會議論紛紛吧！」

玉樹：「對……其實我也這麼認為！在我們的概念裡的遊戲機，操作性能似乎不是最重要的。如果無法開發讓不懂遊戲的人也能馬上理解的超高性能，那操作性能的優先順位先降一格也無所謂吧！嗯～除了操作性能，遊戲機還需要很多其它道具，像是**遊戲手把**、**網路**、**主機內建選單**、**外觀形狀**、**耗電量**、**幾條連接線**等等……將桌上的便利貼當成提示，我們試著多方面寫一些道具吧！這次應該是最後一次寫便利貼了。」

葉月：「我最先想到的還是……操作性能究竟要做到什麼程度？比起遊戲手把，操作性能的重要程度應該比較低吧！應該新增一張便利貼『不想拿遊戲手把，太恐怖了』，放在對家庭而言最重要的地方〈**讓媽媽不討厭**〉的群組旁邊。

米吉：「葉月已經完全掌握了這個概念工作的重點，現在這一番話已經清楚地說出了我們究竟該怎麼做。」

而重點是最後出現的「家庭」途徑所通過的便利貼和群組，包含在家庭路徑上的便利貼和群組優先順位為高，而不在家庭路徑上的優先順位為低。

當我們的工作進行到了**概念工作步驟四（依故事化1～6順序，更新並總結「假設性故事」）**時，也就是故事已經完整地結合成一條箭頭時，特別重要的便利貼已經全部都聚集在故事的箭頭之下了。

在此次的概念工作，我們可以大膽假設在「大眾」和「個人」途徑上的便利貼及群組優先順位較低，而在「家庭」途徑上的優先順位較高。先從桌上找出道具或類似道具的優先順位，再從原有的便利貼中聯想新的道具並新增便利貼，**幫故事新增道具便利貼吧！**

真白：「也許我們需要開發一個什麼樣的遊戲手把吧？好像都已經寫下來了……必須要是**〈媽媽容易親近〉**、**〈方便〉**、**〈操作方法簡單易懂〉的遊戲，此外〈光看別人玩遊戲就很開心〉**也很重要。」

玉樹：「太好了！我要追加一張道具的便利貼——『新型遊戲手把』。當便利貼被貼到桌上時，這張『**遊戲手把**』便利貼就對周圍的願景產生了該負的責任，因此，所有的便利貼之間息息相關。」

黑助：「這可能是一個前所未有的遊戲手把，搞什麼嘛！我們一直在討論的不是如何讓遊戲變有趣嗎？」

葉月：「總感覺任何事都有可能發生，可能會開發出一個**怪機器**吧！」

「任何事都有可能」，聽到這句話時我開始覺得我們的概念工作就快成功了。我們往往受時間和尊嚴限制，在只許成功不許失敗的觀念下，即使混亂也要拚命做出企畫案。也就是說，幾乎可以用「任何事都不可能」來說明我們平常是在多麼強烈受限的環境中思考……在那種狀況做出來的東西，總覺得只是千篇一律的企畫案。

例如，以已知的好為導向所做出「開發高操作性能機器」的企畫案，這些乍看之下也許會有人認為是個非常冷靜的判斷。但我卻不這麼認為，因為**混亂會使人陷入只能仰賴「已知的好」的狀況**，必須壓抑想早點看到結論的心情，即使在不舒服的環境中也要繼續完成工作。

玉樹：「不錯耶！『**怪機器**』我舉雙手贊成！（笑）就按這個步調繼續在桌上尋找道具吧！接下來便利貼會再繼續增加，所以便利貼和群組的位置也許會有一些調整，就用我們一直以來的方法就好！」

從原本桌上的便利貼中連想到的道具便利貼不斷增加。在概念工作的前半部，我建議大家打從心裡坦率地說出「想要○○」或是「討厭××」，那

也意謂著「不可以思考道具」。這樣我們才能一心一意地從冒險夥伴心中引導出重要的願景；順序就是**先在第一回合激發出所有的願景之後，我們現在才能把重心移到產生道具的階段**。

大家集思廣義新增的道具便利貼，請見216頁標有斜線的部分。

至此為止，總算願景和道具都齊全了。

也許你會覺得困惑，究竟要有多少張願景和道具的便利貼才夠呢？在執行概念工作時要有幾張便利貼，其實並沒有明確的標準。事實上，**只要能想像商品或服務的大方向就夠了**。

以此次開發新世代遊戲機為例，大致上就是**寫下〈應該有什麼樣的操作性能？〉、〈應該有什麼樣的遊戲手把〉、〈網路、主機內建選單、主機外觀形狀、耗電量、幾條連接線該怎麼決定〉等，有關大方向的便利貼**。

也許可以這麼說，身為概念工作領導者的你該重視的並不是要寫幾張便利貼才好，而是「我們編寫出來的『故事』真的能讓世界變得更好嗎？」；而要寫多少張便利貼，只要觀察現場的氣氛和夥伴之間的表情變化，我想自然就能判斷吧。

舉個例來說，當你感覺到有一個嶄新的商品或服務將有可能被完成時，當下的氣氛也許是興高采烈，也或許大家的表情處變不驚，依舊睜大眼繼續試著要突破現狀也突破自己。

因此不需要刻意增加便利貼的數量，重要的是**判斷是否越來越接近「概念中的概念」，也就是「讓世界更好」**。這一點千萬不要忘記。

既然已經到了這裡，最後再努力一下，讓我們一起看到概念完成吧！

黑助：「在新增的道具便利貼中，從『**密集的網路遊戲**』變成『**輕鬆的網路遊戲**』，注入『**知道親友資訊的功能**』，提供不只是玩樂而是對生活有幫助的『**資訊服務**』功能；這些有關「網路」的功能，完全不是遊戲機的功能吧！」

真白：「如果有一台『**能放在客廳的主機**』、『**耗電量低**』，又能節省家計〈**讓媽媽不討厭**〉的遊戲機，好像在做夢喔！」

※新增的便利貼以斜線表示

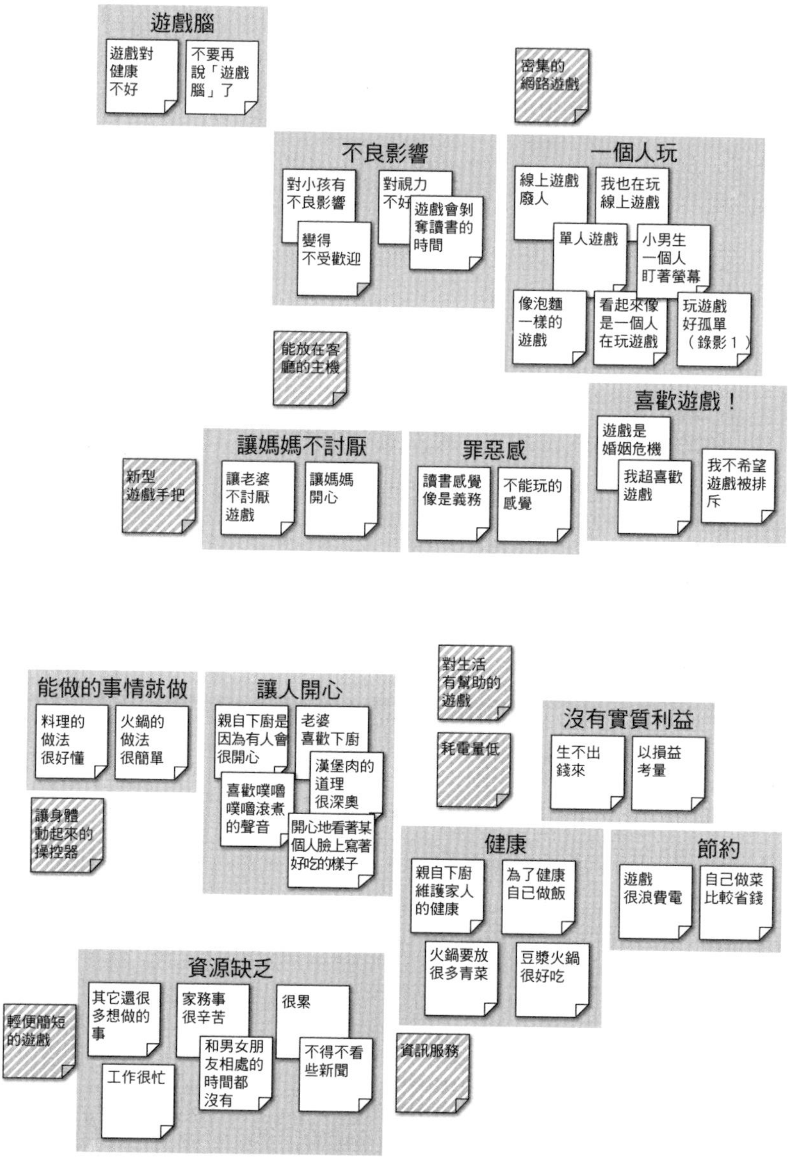

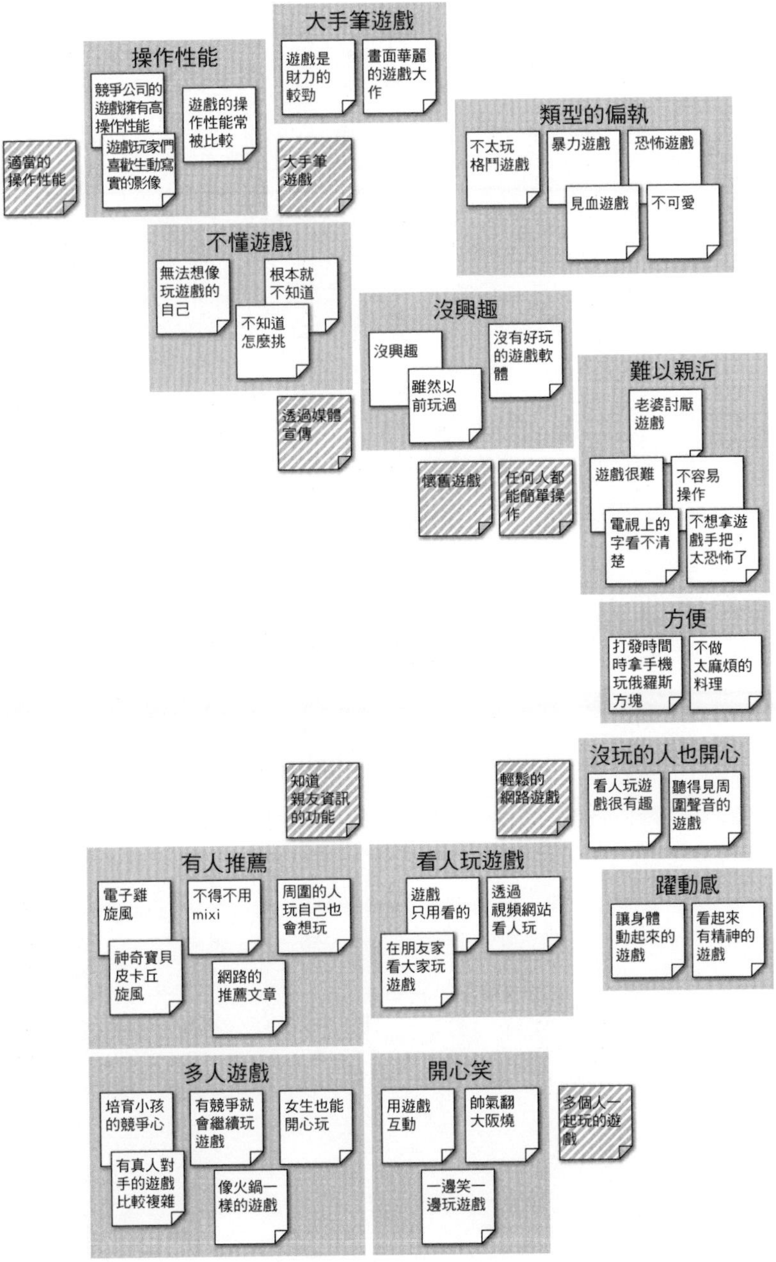
操作性能
競爭公司的遊戲擁有高操作性能
遊戲玩家們喜歡生動寫實的影像
遊戲的操作性能常被比較
適當的操作性能
大手筆遊戲
遊戲是財力的較勁
畫面華麗的遊戲大作
大手筆遊戲
類型的偏執
不太玩格鬥遊戲
暴力遊戲
恐怖遊戲
見血遊戲
不可愛
不懂遊戲
無法想像玩遊戲的自己
根本就不知道
不知道怎麼挑
透過媒體宣傳
沒興趣
沒興趣
雖然以前玩過
沒有好玩的遊戲軟體
懷舊遊戲
任何人都能簡單操作
難以親近
老婆討厭遊戲
遊戲很難
不容易操作
電視上的字看不清楚
不想拿遊戲手把，太恐怖了
方便
打發時間時拿手機玩俄羅斯方塊
不做太麻煩的料理
知道親友資訊的功能
輕鬆的網路遊戲
沒玩的人也開心
看人玩遊戲很有趣
聽得見周圍聲音的遊戲
有人推薦
電子雞旋風
不得不用mixi
周圍的人玩自己也會想玩
神奇寶貝皮卡丘旋風
網路的推薦文章
看人玩遊戲
遊戲只用看的
透過視頻網站看人玩
在朋友家看大家玩遊戲
躍動感
讓身體動起來的遊戲
看起來有精神的遊戲
多人遊戲
培育小孩的競爭心
有競爭就會繼續玩遊戲
女生也能開心玩
有真人對手的遊戲比較複雜
像火鍋一樣的遊戲
開心笑
用遊戲互動
帥氣翻大阪燒
一邊笑一邊玩遊戲
多個人一起玩的遊戲

美紅：「讓銀髮族玩家也能玩得開心的『**懷舊遊戲**』，還有『**多人一起玩的遊戲**』，可以充分運用我們公司的優勢，也算是一劑強心針吧！」

黑助：「我知道願景很重要，但道具可以直接運用在實際的工作上，我現在全身充滿鬥志，趕快開始做吧！」

玉樹：「我也覺得有了這些道具，願景就能達成。稍早之前道具實在太少，要執行真的很不容易。但換句話說，正因為能夠意識到這麼強烈的願景，在決定道具的取捨和優先順位時才會這麼地順利。我在我們的概念工作一開始時就說了『耗電量低的遊戲機』，當時應該沒人有任何反應吧！現在，新世代遊戲機還未成形，但只要仔細**結合願景與道具，概念的可信度就會越變越高**！」

美紅：「確實一開始說的『耗電量低的遊戲機』，我完全無法想像那是什麼東西，但現在總算知道道具便利貼擺在眼前的意義。一開始完全沒想到這個話題會有什麼結論，但在出乎意料的地方定下來了耶！那時真的很擔心概念工作到最後能不能完成……但說實在的，玉樹，你在執行概念工作時，心情應該是越來越害怕吧？我們不是會議主持人，只要順著話題回答就好，可是你事先根本無法預知概念工作會不會順利完成吧！玉樹，我們總算進行到這一步了。」

我不好意思地笑了一下，打從心底感謝美紅姐這麼地體貼。正如美紅姐所說的，誰都不敢保證概念工作一定會成功；但是如果因此感到不安，而在執行概念工作之前就先準備一張具體藍圖的話，我們馬上就會陷入已知的好。在執行概念工作時，若得不到夥伴們的信賴，終究會是一場無意義的閒聊。

畢竟**發現未知的好**才是概念工作最大的目的。

你的願望是如此地異想天開，而為了要找到未知的好、為了要在市場上掀起一陣旋風，不安的代價是必然的。就是要突破重重的困難你方能以一個「勇者」的身份站在戰場。

衝破黑影2：以隱藏在「假設性故事」箭頭之下或周圍為出發點，從優先順位較高的問題開始追加道具便利貼以補強故事的完整性。

玉樹：「謝謝！真的很謝謝大家！因為追加了很多道具的便利貼，『新的假設性故事』才能以更完整的樣貌呈現。

為了〈讓媽媽不討厭〉，用〈能放在客廳的主機〉、任何人都可以〈輕鬆拿起來玩的遊戲手把〉、〈知道親友資訊的功能和資訊服務〉再加上〈懷舊遊戲〉完成一台所有家人都能玩的遊戲機。

為什麼要開發這樣的遊戲機呢？理由已經全在我們完成的故事上了。現在我們深信著我們所創造出的故事，無論遊戲機的企畫有多誇張，我想已經沒有任何事能阻撓它了吧！

就因為大家花這麼長時間才完成的，因此所謂的概念就是桌上整體的樣子吧！但未參與概念工作的人如果突然往桌上一看，可能無法馬上了解這一連串的流程。因此，我們要將這個故事變成一個更容易傳達的形式。

為了要容易在人與人之間傳達，最有效的方法就是濃縮成『20字左右的文字』。以一個新世代遊戲機的概念，我非常重視這一串文字。」

米吉：「我也這麼認為，不先好好地整理出這20字左右的文字，話題就很難接續……但這麼大的故事要整理成20字，老實說語言天份再好的人都很難辦到吧！」

美紅：「是這樣嗎？我們都知道最重要的是【家庭】，很簡單，剩十八個字而已。」

真白：「嗯～**【全家人一起開心玩的遊戲機】**呢？可是……這句話感覺很普通耶！」

米吉：「聽起來也許很普通，但這句話包括了我們概念工作時所說的每一個重點，我覺得不錯啊！」

葉月：「但我也覺得太普通了耶，該怎麼說呢……」

概念工作結束之前，桌上有很多便利貼和群組，也拉了不少條無形的箭頭。這些全要文字化真的很不容易，但透過概念工作我們已經將很多不同的想法用簡短的文字寫在便利貼上，並編寫了群組名稱，適合傳達概念的文字也許早就出現了。

此外，還有一個重點就是**概念是所有事情的原點**。何謂原點，請繼續往下看工作室裡的討論情況。

美紅：「在我這個年歲的人都有小孩了，我可能會用**【讓媽媽不討厭的遊戲】**來說明概念。」

黑助：「但這樣的東西小孩就不會想買了吧？」

米吉：「嗯～不過美紅姊說的也有可能喔！我小時候，爸爸喜歡玩麻將就買了麻將遊戲和家用遊戲機，小孩有時候也會想和爸媽一起開心玩啊！」

玉樹：「這段話很不錯！關於概念，我有幾個想法，應該會對現在的討論有幫助。**我們現在要完成的概念必須是日後企畫部門（實際製造現場）能夠用的東西（各個功能）**；必須是日後要耗時完成工作的動力，且必須是所有方法的根本。因此我們必須思考**【家庭】和【媽媽】何者優先？**

剛剛討論操作性能時也提了同樣的問題，結論是所有的事都很重要。操作性能越好不代表商品就會越好，因此我們的理解是將操作性能的優先順位降低。

問題並不在於重要性，而是在於優先順位，也就是應該先清除哪個問題？這樣一想答案也許就會出來了。」

黑助：「在我家啊！想都不用想，不想辦法讓老婆先喜歡遊戲的話，全家人要一起玩遊戲根本就是天方夜譚。」

美紅：「這樣說就容易多了，比起【家庭】全員，以【媽媽】為優先比較具體。更重要的是到剛才為止一直覺得很不安，但現在那些情緒好像全部都消失不見了耶！為什麼呢？」

玉樹：「應該是事情變得比較簡單了吧！要讓【家庭】全員將目光轉向我們，得花很多精神，但只要讓【媽媽】把目光轉向我們，事情就會簡單多了。創作的第四個精神中也說了一些挑剔的問題——越感覺可以被『完成』的企畫，在背後推動的道具就會越少。但我還是覺得【媽媽】才是象徵新世代遊戲機的未來。」

真白：「對啊！我也覺得與其說【全家人】，其實說【媽媽】比較能讓人一下就明白。【媽媽】就像是整個家庭的象徵，我也好想成為那樣的媽媽喔！」

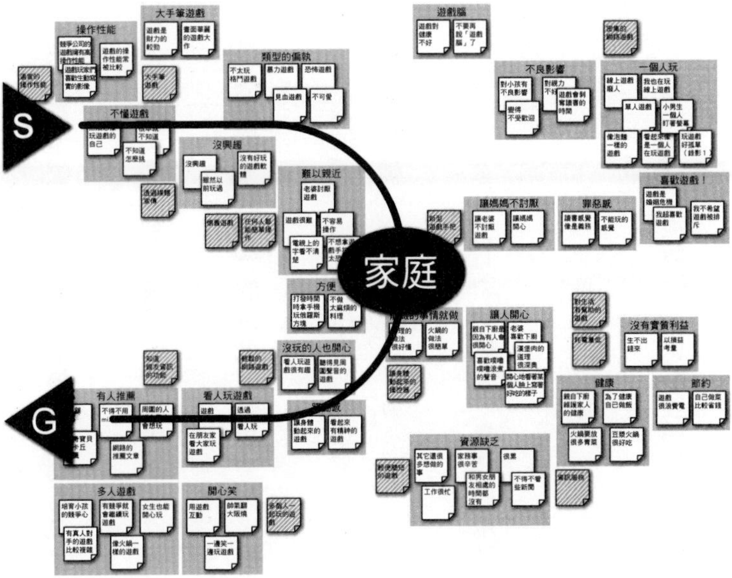

葉月：「我也想——開玩笑的啦（笑）……不過，我也贊成，以我的經驗來說，騙倒【媽媽】就等於騙倒全家人。我們全家人都用鹽巴刷牙還不都是因為媽媽規定的。」

米吉：「『騙倒』……不要用這麼令人反感的字眼啦！我們最初的願望不就是希望不玩遊戲的人也能開心玩遊戲嗎？但是仔細想一想，小時候我們都一邊被媽媽兇還一邊玩著遊戲，現在長大了在這裡開發【媽媽不討厭】的遊戲，聽起來似乎很理所當然。」

美紅：「小時候的經驗也不錯啊！因為大人通常連一些理所當然的事都不會。米吉，那今天的概念就總結為**【媽媽不討厭的遊戲機】**好嗎？」

全部的人紅著臉一致點頭了。

玉樹：「願景和道具總算齊心一意了，這應該是個很有力的概念。我們先用數位相機把桌上的排列拍下來，今天就先到這裡吧！」

黑助：「太好了，結束了！」

葉月：「太棒了！我們真的～真的～完成了耶！」

玉樹：「對啊！今天一整天，大家都辛苦了，真的很謝謝！快點收拾好，我們去吃飯吧！一直都在說料理的話題，肚子快餓扁了……」
美紅：「今天工作結束後，大家去喝兩杯吧！不看看米吉的『大阪燒帥氣三連翻』就無法相信概念工作真正的意義。」
米吉：「哇！如果翻壞了那今天的概念工作不就又要重來了，壓力好大啊！」
葉月：「對了，面臨婚姻危機的人今天不早一點回去的話老婆會生氣喔！黑助？」
黑助：「嘻嘻！到時候再做個新世代遊戲機給她就好了！」
玉樹：「黑助，說得好！我們應該可以再加一張便利貼『解決婚姻危機的遊戲機』吧……」
美紅：「好了，好了，今天已經結束了！」
不知不覺中會議室裡充滿了熱氣，出到走廊相對涼爽。原本一身熱汗現在感到一陣舒適，黑助一邊看著數位相機一邊叫著後面跟來的米吉。
黑助：「米吉，今天你幫了我很多，謝啦！中途變得有點急躁……我總算感受到概念工作的可怕了，但是蠻有趣的！但是玉樹那傢伙，我看他那個樣子，等一下坐在大阪燒煎台前好像還要繼續概念工作的樣子，真是受不了。」

米吉：「不用擔心，雖然概念工作要一直新增便利貼，等一下的大阪燒只會越吃越少。黑助哥，其實剛剛工作時我的肚子餓到一直叫，幸好沒被發現。」（笑）

概念工作

步驟五

依衝破黑影1～2順序將故事總結為「20字左右的文句」後完成概念工作。

概念工作的最後一個步驟是超越黑影。

當無數個小想法結合成一個故事時，那耀眼的星空卻在在心中留下了黑影，使冒險夥伴們的心裡出現了不安的情緒。

然而此時的心情越不安其實越好，完成概念工作時若沒有任何一絲絲的不安，那就不是未知的好。

舉例來說，經常有公司主管會說：「交給誰誰做，這個企畫案就可以放心了」，那表示這位主管所想要的並不是未知的好。我想身為一個領導者當然不希望蘊含未知的好的企畫伴隨著不安，但如果只是一味地祈求能夠安心，這樣的領導者將不可能會改變世界。

冒險的旅程也一樣，絕對不受傷的旅程就不叫冒險，但為什麼大部分的人就是做不到呢？

剛結束概念工作的六個人現在應該在一邊吃著大阪燒一邊慶祝了吧！對於這一群戰勝不安情緒打算迎接未知的好的夥伴們，這個慰勞似乎是嫌少了一點，但今天就先讓他們不醉不歸吧！因為明天開始他們將要前進比概念工作更寬廣幾百倍、幾千倍的「創作」旅程。

但是，現在在他們心裡的星空非常地耀眼，不需要任何羅盤，所有人看到的是同一片星空。

總算我們已經撥開未知的迷霧，找到出發的起點了。

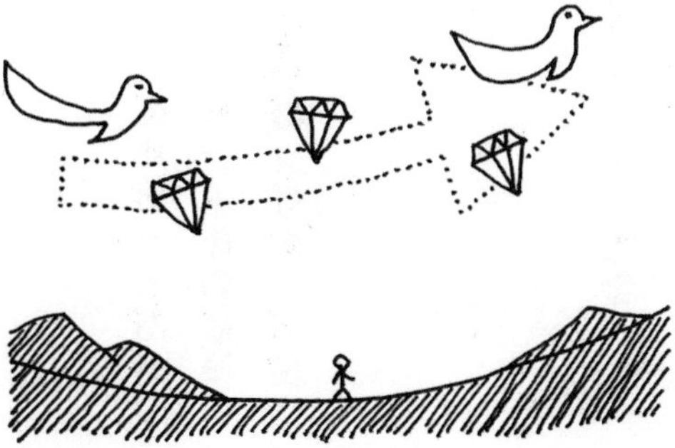

專欄2　孤獨的考驗——如果概念工作失敗了

※專欄2和專欄1同樣是詳述實際執行概念工作時所需的技巧，因此第一次閱讀本書時可先略過此部分。等你實際執行概念工作時，當你陷入「概念工作到最後好像失敗了」、「這個概念好像無法讓世界變得更好」、「這個概念好像不可能實現」的窘境時，再偷偷閱讀專欄2吧！

星空的故事告訴我們未知迷霧的所在，接著冒險的夥伴們將要帶著「概念」挑戰一個名為「創作」的長途旅程。透過簡報讓其他所有部門的夥伴們都認同這個概念，朝著唯一的目標進行企畫工作，如此我們一定可以用「好的東西」作為撥雲見日的響箭，找到改變世界的方法。

但是……探險旅程未必會那麼輕鬆容易。

因此，在這個專欄要說明的是，如果概念工作失敗了該怎麼辦。有兩個重點：第一，正確掌握何謂概念工作失敗；第二，即使在失敗的逆境當中也有可執行的概念工作。

在前一章的案例中我們找到了讓不玩遊戲的人開始玩遊戲的三個途徑：

- 大眾：透過廣告宣傳擴大知名度，讓所有人玩我們的遊戲。
- 家庭：開發一個讓媽媽不討厭的遊戲機，以家庭為單位增加玩遊戲的人數。
- 個人：開發高品質且多樣化的遊戲，以個人為單位增加玩遊戲的人數。

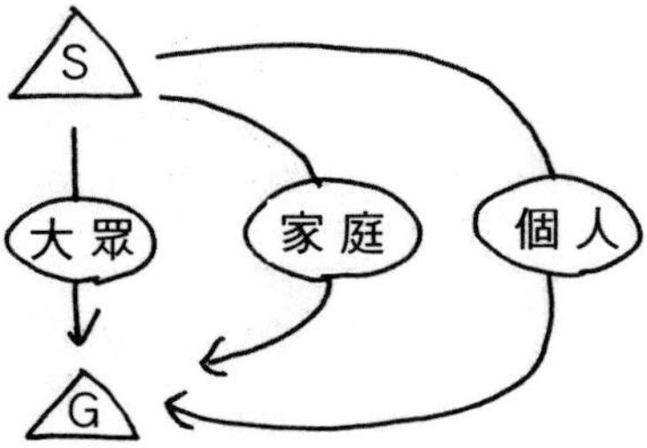

在這三個途徑當中，得到的結論是「大眾」和「個人」途徑以現實面考量不容易解決，但相對之下「家庭」途徑是個比較容易解決的問題，於是最終成為大家採納的「概念」結果。但回過頭再想想，如果我們沒有發現「家庭」這個途徑，那麼概念工作也算是失敗了吧！可能會在「個人」與「大眾」中選擇其中一個困難的途徑，勉強地把它當成概念成果交差了事。

假設我們並沒有發現「家庭」途徑，而是以「個人」途徑完成了概念工作，也就是「迎合各種不同用戶的需求，開發一個能夠量產且高品質高性能的遊戲機」。將完成的概念用**創作的四個精神「喜歡」、「改變」、「理解」、「完成」**過濾看看，就能夠看出下列情況：

「喜歡」 ↓ **無法喜歡**這個概念。

「改變」 ↓ 和現狀**沒什麼不一樣**吧？

「理解」 ↓ 這個概念也許**能讓人理解**吧？

「完成」 ↓ 沒有無限的資金、時間和人員是**不可能完成**的。

導出的概念如果是未完成的情況，一定會**卡在這四個關卡的某個地方**。例如：這次的例子「無法喜歡這個概念……」就沒有通過「喜歡」這一關；而「與現狀沒有不同」和「沒有無限的資金、時間和人員不可能完成」也似乎無法通過「改變」和「完成」兩關。

換句話說，如果得出的概念是正確的，那麼這個概念應該是大家都**喜歡的**，用這個概念應該**可以改變世界**，是所有人都**能夠理解且可行性很高**的形式才對。無論是缺乏哪個要件，如此所產生出來的概念，都將會以失敗收場。

導出的概念若感覺似乎不是正解，請利用創作的四個精神過濾，倘若確定是個失敗品，果斷地承認概念工作的失敗，依後續所寫的突破概念工作失敗的方法（問題自我化）修復概念工作吧！

用上述四個精神確認概念時，尤其需要留意的是第四個精神「完成」。因為在進入概念工作的狀況下，極為困難的主題可能會因為有了「這個概念一定可以實現！一定要讓它實現！」的想法，而因此出現類似任天堂ＧＯ系列的失敗例子。

在概念工作的過程中，最初參加者的發言往往是「我想要什麼？」之類的個人慾望、理想、期望加上對現狀的憤恨不平和憂慮，漸漸地才產生「我們並不只是為了公司企畫商品，而是為了全世界進行概念工作！」的態度，而缺乏冷靜的態度。

因此，對於已完成的概念工作，只要仍然存在一絲絲是否可行的懷疑態度，就不要拖泥帶水，冷靜宣告「這次的概念工作的失敗」吧！

用創作的四個精神確認過概念之後，若導出的概念失敗了，今天就先結束概念工作吧！

但是，請不要對工作人員說出「今天的概念工作失敗了」，只要告訴大家「問題已經弄清楚了，謝謝！」之後就散會。不可以讓夥伴們養成打復仇戰的習慣。

然而，在概念工作宣告失敗後，身為領導者的你還能做些什麼呢？

你可以將桌上的便利貼都帶回家，開始自己一個人思考。然後利用後述的「**問題自我化**」技巧，重新思考概念工作的問題。

將世界分為五個階層

一個人重新思考「大眾」和「個人」兩個途徑，之所以這兩個途徑無法採用的原因如下：

- 「大眾」途徑需要龐大的廣告宣傳費
- 「個人」途徑需要龐大的研發費

當然用這兩個途徑的話資金會不足，就算已經確保了十二萬分的預算，實際執行時人力不足，或是時間不夠，終究會因為資源（人、錢、時間）不足而無法繼續進行。總而言之，資源不足是個無法解決的高難度問題。

而「家庭」途徑是概念工作的所有參加人員都一致認為「可解決的問題」。重點在於**「問題的難易度」**。

在此我要導入一個可以分辯難易度的方法**「世界的五階層」**，也就是**〔定律〕**、**〔過去〕**、**〔社會結構〕**、**〔他人〕**、**〔自己〕**五個階層。

在我們周圍存在著能夠解決的問題和無法解決的問題，也就是有能夠改變的事物，也有無法改變的事物兩種。讓我們先看看難以改變或無法改變的例子，舉個例來說，有些概念、願景根本不可能會實現。

- 想對抗萬有引力的定律！（＝想要用自己的力量在天上飛！）
- 想連接不同三次元空間的兩個點！（＝想要變形！）

想要飛，想要變形……這種心情我完全都懂，但事實上似乎是不可能的事，只要宇宙的物理定律不變，這個問題百分之百無解，並不是我們想改變就能改變的。

幸好在我們這次的概念工作裡並沒有出現必須對抗物理定律的願景或概念。但是在攜帶型遊戲機的設計上經常會同時出現兩個願景，其一是「立即就要一個輕便易攜帶的遊戲機」，其二是「馬上要開發一個待機時間長的電池」。

乍聽之下，這兩個願景其實非常地容易，也不覺得有什麼不對勁之處，但其實很矛盾。電池絕對是電容越大就越重，畢竟「輕薄且待機時間長」這個願景的可行性微乎其

微。除非發明了違反宇宙定律的劃時代電池，否則可增加待機時間卻不會增加重量的電池，簡直是不可能實現的願望。

若不是開發超越物理定律技術的研究所或發明家，一般人想要挑戰這種問題沒有相當大筆的資金是不可能會實現，由此可知挑戰其它的問題會比較容易。

像這類無解的問題我們稱為**「改變定律之事」**。

也許你會認為「這些事不用說大家也都知道嘛！」但事實上卻不是那麼簡單。我們就說買彩券好了，結果都決定在機率定律的問題，大家都知道就算花五億元買彩券要中五億元彩金的機率非常低，卻還是會有人做夢夢見自己中大獎，這就是人性。明知買彩券的中獎機率非常低，卻會有人存著不勞而獲的心態，曲解機率問題，總認為小小的玩一下「老天一定會眷顧我的」。

這就是所謂的「改變定律之事」，也就是致力於克服一些無解的問題。

其它還有什麼是我們辦不到的事呢？活在現代的我們仍有我們無法顛覆的事。

・想刪去學生時代不堪回首的失敗回憶！
・想要馬上擁有能考上東京大學的頭腦！
・銀行戶口裡想要馬上有一百億元！

時光機並不存在、知識需要長時間的累積、學歷是過去努力的成果、財富更是過去工作的積蓄。總之，我們無法改變過去，因此這些問題都沒有解答。以本書的概念工作為例，如果「遊戲是財力的較勁」與過去的問題密不可分，那麼就算此時此刻你大喊「時間過快點，我馬上就要錢！」也無法改變過去那個揮霍無度不存錢的你。

如果我們以這張便利貼進行概念工作，當然最後產生的概念就是「以最高的預算開發最棒的機器」，但這個策略只有全世界財力最雄厚的企業才會獲得最後的勝利。想改變過去，而資金卻不如其它公司多，其實勝負已經早就成定局了。

明知不可為而為之，「投入公司的全部財產，失敗了就名譽掃地全軍覆沒！」陷入這樣的悲慘狀況之後，最後只有你堅持到底的精神可嘉而已。

因此，「**改變過去**」僅次於「**改變定律**」之後，是屬於難度第二高的問題。

除了「**定律**」和「**過去**」，還有什麼問題是難以克服的呢？讓我們再想一想下列兩個問題：

- 稅金不能再少付一點嗎？
- 我想把新幹線延伸到鄉下地方！

大家看出問題點在哪裡了嗎？就是要改變「**社會結構或法律**」的願景。再以此書的概念工作為例，當我們寫下了「恐怖遊戲」、「暴力遊戲」、「血腥遊戲」等便利貼就會出現這類的問題。

在遊戲業界也有「分級」制度，規定暴力性質之類的遊戲必須是某個年齡層以上的人才能選購。像這樣的規定也許是業界的自主規範，也有是國家法律的販賣限制，都屬於社會結構的問題。

忽視社會結構及法律，以上述便利貼進行概念工作，最後完成的概念如果是「以性或暴力為主題開發自由導向的遊戲機」的話，由於法規或行規的問題將會出現難以實現的困境。

在日常生活，我們的行為不可以違反任何憲法、法律、條約。但我們並不是不能透過國民投票修正憲法，或者透過政黨、議員的表決間接改變社會結構，因此並不是完全不可能實現。以這個角度來說，「改變社會結構」問題的難度並不高，是一個可以一點一點改變的問題。

但是，當時間和資金都受限制的情況下，從正面解決這個問題的效率並不高。

「改變定律」、**「改變過去」**、**「改變社會結構」**，我們一步一步地朝著容易改變的方向前進，但還有一些事物是不容易被改變的，而這個問題的存在往往被忽視。

- 她老是愛上壞男人，我一定要改一改她的個性！
- 我一定要讓我老爸戒菸！

沒錯，**「改變他人」**不是件容易的事。

再以本書的概念為例，「老婆討厭遊戲」、「遊戲玩家們喜歡生動寫實的影像」、「不要再說『遊戲腦』了」，這些便利貼都是有關「他人」的問題，也讓我們的夥伴們傷透了腦筋。

「改變他人」也許比改變定律、過去和社會結構來得容易，因此可行性比較高。但想要「改變他人」其實非常辛苦，因為這裡所謂的「他人」有可能是「整個業界」，也有可能是「其它公司」。抱怨「業界不好」或「其它公司太強了」很簡單，想像著要如何改變也不會太難，但實際要改變整個業界或改變其它公司的作風其實並不容易。

將問題自我化

我們舉例了很多問題，**「改變定律」**、**「改變過去」**、**「改變社會結構」**、**「改變他人」**，問題的難度逐漸變小，但還不知道這些問題該如何解決。

有個方法可以一口氣解決所有問題。那就是**將問題自我化**。

假如想對抗萬有引力，在天空飛翔時，先將問題分解成以下幾個步驟：

當你想〈對抗萬有引力在天空飛翔〉時：

分解1 ↓ 為什麼想在天空飛翔？

分解2 ↓ 想翱翔在天空中享受舒暢的感覺！

分解3 ↓ 人不會飛，那有其它方法可以享受飛在天空的感覺嗎？

【解決問題的線索】↓有沒有什麼設備能讓人體驗飛起來的感覺？

只要知道想超越萬有引力定律的真正理由（翱翔在天空中享受舒暢的感覺），就可以將難度最高的「改變定律」問題轉換成難度較低的「改變自我」問題。

即使無法自行在天空飛翔，只要將問題焦點轉換成「自己」，問問自己「體驗在天空飛翔的感覺是否能滿足？」就可以找到解決問題的線索。

運用這個方法，我們再利用這本書的實際概念工作案例分解看看。

首先，**將「大眾」途徑「自我化」**。

如果我們討論了一整天，最後總結出來的概念結論竟然是〈推出無數的廣告以增加玩家人口〉，這麼難執行的概念你會怎麼做？你可以用以下的步驟分解看看。

分解1 ↓ 為什麼我們一定要打很多廣告？

分解2 ↓ 想透過打廣告讓更多人知道我們的產品！

分解3 ↓ 打廣告要花很多錢。除了廣告，還有什麼方法可以讓更多人知道我們的產品？除了廣告，我們通常會從什麼管道知道新遊戲呢？

【解決問題的線索】↓看朋友玩遊戲，我也會想玩那個遊戲……那麼，解決問題的線索就是想一想，該如何提升看到別人在玩遊戲的頻率？

上述方法都能吸收理解的話，即使概念工作失敗了，概念的工作夥伴也能做以下的提案：「我們想要透過大眾的途徑實現我們的願景，但廣告費用實在太高。而我們發現一個現象就是當你看到別人在玩遊戲時，自己也會變得很想玩，因此，下回的概念主題可以『除了廣告，而是開發一種遊戲機可以在日常生活中造成一股想玩遊戲的現象』。」

接著，**將「個人」途徑「自我化」**。

如果最後總結出來的概念是〈以高品質多樣化的遊戲擴大玩家人口〉這麼難執行的概念，該怎麼做？你可以用以下步驟分解看看：

分解1　↓　我們為什麼要大量推出高品質的遊戲？

分解2　↓　為了要迎合不同顧客多變多樣的興趣和嗜好！

分解3　↓　大量推出高品質的遊戲並不容易。除了以品質高低來判斷遊戲軟體適不適合自己之外，我什麼時候會對遊戲軟體抱持興趣呢？

【解決問題的線索】↓就算畫面感覺很寒酸的，只要是朋友推薦的都會感興趣……那麼，解決問題的線索就是想一想該怎麼做才能讓玩遊戲的人之間不斷地互相推薦呢？

上述方法都能吸收理解的話，即使概念工作失敗了，概念的工作夥伴也能做以下的提案：「我們想要用個人的途徑實現我們的願景，但要迎合每個人開發各種不同高品質多樣化的遊戲實在很困難。我們發現即使原來不感興趣的主題遊戲，只要有朋友推薦就會引起興趣；因此，下回的概念主題是『開發容易互相推廣的遊戲機』。」

像這樣將問題從「**定律**」、「**過去**」、「**社會結構**」和「**他人**」拉到「**自己**」，因為將問題「**自我化**」之後可以迅速減低問題的困難度，也可以為世上無數的問題找到解決的線索。

如果你已經懂得如何推論問題，就召集第二次的概念工作吧！然後，重新開始有關這個主題的概念工作。這麼做的話可以再寫下更多的便利貼和群組，也可以找到還沒發現的途徑而用箭頭將它們連結起來。

就算最後概念工作失敗了，這一路討論下來也不會因此前功盡棄。只要在看似無法解決的問題中找出那一道「自我化」的光芒，所有的努力都與真正的概念結論緊緊相連。

在這篇專欄說明了概念工作失敗時，如何細分問題的難易度，以及如何將問題「自我化」等因應對策。

但最後有一點必須要注意，自己一個人執行的「問題自我化」終究只是重新設定問題而已，**問題並沒有解決**，更不能期待透過這個步驟來解決問題。

解決問題（產生概念）應該是概念工作全組人員一起共同思考的工作，而你該做的只是將問題「自我化」並同時重新設定問題，使工作夥伴們能夠從難題中得到一些些自由和解放。

你是概念工作的領導者，也是領軍冒險的勇者，也許你會希望自己承擔所有的失敗。但是你的職責畢竟只是率領夥伴們前進，如果你想要一個人解決所有的問題，那就不需要夥伴們的存在了。

勇者孤獨的考驗全都是為了扭轉失敗，就算重新審視失敗，將問題「自我化」後找出真正的問題所在（敵人），考驗也不會就此結束。應該與夥伴們再次邁步出發、打倒敵人，這個考驗才算結束。勇者就該有勇者的風範。

將問題一個一個仔細地「自我化」之後，眼前的路自然就會開展。轉換一下心情，在下一個概念工作裡，「未知的好」必定會向勇者招手。

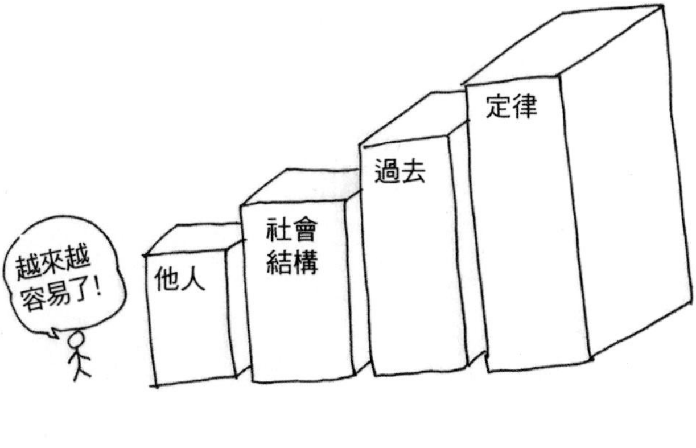

第三部

向前邁進——如何應用概念？

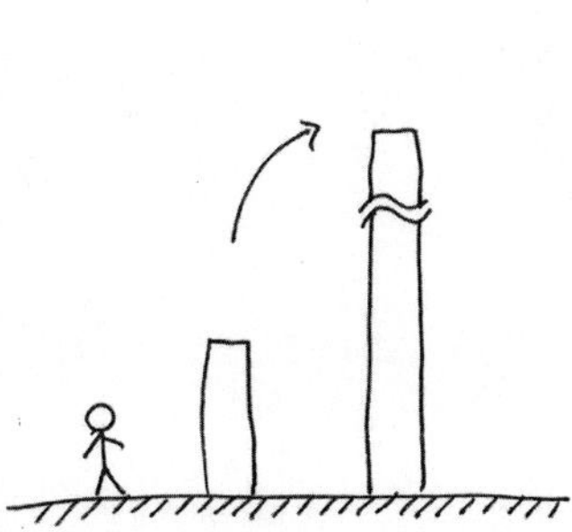

14 充滿心願——從概念到商品規格

概念工作成功之後，接著就是要向其他部門做簡報，讓其他相關人員也了解我們孕育出來的概念，其次還要以這個概念為基礎，實際進行創作的企畫工作。

努力到了這個階段之後馬上就要具體實行創作工作了，而創作的最終目標並不是「思考好的方案」而是「創造好的東西」。

這個章節主要是介紹主戰場的「企畫」工作，說明如何將概念發揮到最大效果。

本書是一本介紹概念工作的書籍，因此關於企畫的內容我們不再深入探討，但對於已完成的概念究竟該如何應用到企畫，我們就直接看 Wii 的實際案例。

請想像以下問題：

1 為什麼 Wii 要叫做 Wii 呢？

2 為什麼 Wii 的遊戲手把要叫做「遙控器」[2] 呢？

3 為什麼 Wii 的主機很小呢？

這些問題都是在問「為什麼 Wii 是這個樣子？」任天堂的公開說明如下：

1 為什麼 Wii 要叫做 Wii 呢？

「擴大玩家人口」是概念的目標，這個概念的目標是希望全家人能一起開心玩遊戲，因此命名是從「我們」的英文字「We」而來。

此外「ii」是來自 Wii 遙控器的形狀（像遙控器的遊戲遊戲手把），不僅是呈現遙控器的形狀，也是從多人並排在一起玩遊戲的「家庭形象」而來。

2 為什麼 Wii 的遊戲手把要叫做「遙控器」呢？

以「擴大玩家人口」為目標，就像拿電視遙控器一樣，希望全家人都能輕鬆拿起 Wii 遙控器。

譯註[2]：在日本，一般操控遊戲所有動作都稱為「遊戲手把」（Controller）；但任天堂 Wii 開發後，操控 Wii 遊戲的手握機器命名為「遙控器」（Remote Controller）。

家裡的電視遙控器大多是放在能馬上拿得到的位置，丟來丟去的，大家都輕輕鬆鬆地隨手一拿就按。我們希望所有人也都能用相同的方式使用Wii遙控器，況且最後成品的形狀也很像電視遙控器，因此我們一致認為這個機器應該叫做「遙控器」。

「為何全家人都會拿起電視遙控器，卻不碰遊戲機的手把呢？」——在開發Wii的時候這是一個很重要的概念，因此我們強烈主張「這機器一定要叫遙控器！」（引自岩田社長的發言：http://www.nintendo.co.jp/wii/topics/interview/vol2/02.html。）

3　為什麼Wii的主機很小呢？

基於擴大玩家人口的概念，應該將遊戲機安裝在客廳讓全家人開心玩。此時想到客廳電視周圍的空間通常很窄，如果放個太華麗的東西會太醒目，因此讓大家都不討厭的設計就是做小型主機。（引用自：http://www.nintendo.co.jp/wii/topics/interview/vol1/02.htm。）

無論從哪個例子都說明了公司的概念「擴大玩家人口」是出發的起點，接著「家庭」、「不討厭」、「電視」這些關鍵字則是決定各種各樣形式的理由。

從Wii發售之後，從其價值觀已廣為人知的現在來看，當時的那些判斷都極為理所當然，甚至可以說是太保守了。

但是請大家想像一下，Wii這個不可思議的名稱和任何遊戲沒有一點相似之處，當我們命名時心裡其實有種摸不著的不安情緒。此外，我們也害怕「Wii遙控器」這個新名詞會被自遊戲機出現以來大家一直叫的那台「搖桿」所取代。還有，因為要將主機安裝在客廳，只要想像主機的存在會被遺忘，心裡就更是莫名的不安。

無論是個多了不起的概念，就算你對使用者大聲呼喊著「擴大玩家人口」，估計也不會有人回頭看一下吧！

使用者一向只要「好的東西」，他們是付錢的人，沒有義務要聽取賣家的任何請求。

創作者希望能實現讓世界更好的方法、希望透過概念改變世界，也希望對玩家帶來影響。他們希望向使用者傳達一些訊息，但大聲吼出概念並無法傳達給使用者。

因此，想要向使用者傳達我們的訊息時只有一個方法，那就是**在設計上加入我們的概念及想法**。

我們經常聽到「產品差異化的設計」、「與眾不同的商品」，而我卻覺得這種說法隱藏著一種危機。

不該用設計來造成差異化，正確來說應該是用包含了未知的好的概念所產生出來的設計才是**真正的差異化**。並不是「意圖製造與眾不同的東西」，而是「思考任何人都不知道的好才能製造出與眾不同的商品」，這才是**創作的本質**。

更何況若非基於概念的差異化，就如同棄置使世界更好的重要主題一樣。換句話說，「產品差異化的設計」或「與眾不同的商品」的說法都讓人感受不到概念的存在。

為了提高銷售量，差異化無庸置疑是個有效的方法。但「提高銷售量的差異化」真正能夠改變世界嗎？真的能夠讓我們更幸福快樂嗎？「差異化產品就是個好產品」這種想法真的能夠改變消費者或我們內心深處的想法嗎？

真正重要的是「讓世界更好」這個概念中的概念，**發現未知的好，開闢未知的大地才是我們的使命**。因此，在創作的冒險旅程中，先是已經有了未知的好，才會有差異化的設計——這才是正確的順序。

當消費者接觸各種商品或服務時，他們如果可以聽見開發者的聲音：「這個商品可以讓世界更好喔」，那一定是先有個好概念才產生出來的創作結果。

換句話說，在決定所有商品規格時，如果能選擇基於概念所完成的商品規格，那概念就一定能傳達到消費者的心裡。

當消費者第一次拿起商品或接受服務時，就像概念工作剛結束的樣子，看到的只是一堆亂七八糟的配件。但經過多次接觸、多次體驗、多次理解後，在消費者心

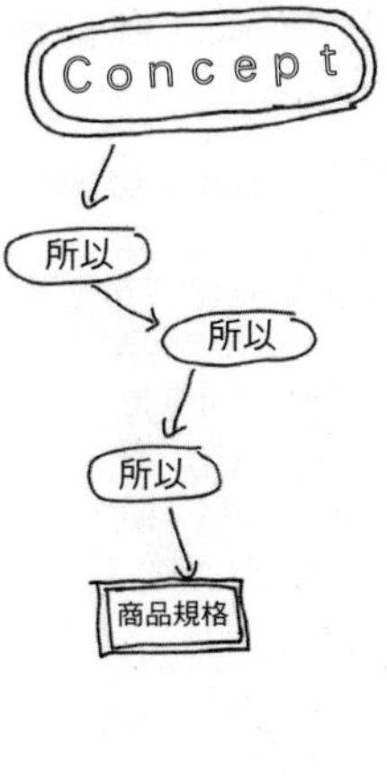

中會慢慢感受到商品或服務的概念。

在執行概念工作時，你必須想像你設定的使用者是個能從商品或服務中分辨有沒有概念的天才，也就是說，消費者一定會穿透商品規格，看到隱藏於其後的概念。

跟我們追尋概念工作的過程一樣，只是接下來輪到消費者反向從無數的商品規格中找尋概念。而我們和消費者有一點不同，我們挑戰心中不安的情緒，殺死了許多腦細胞才完成概念；而消費者不會有任何的不安，也不需要任何繁瑣的工作，只要一心找出概念就可以。

消費者也許說不出概念是什麼，但至少**任何人都能知道自己對某件商品是喜歡或討厭，就是馬上能察覺「有沒有概念」**。正在讀這本書的你是否也曾經有同樣的經驗呢？

當你拿起某個商品或接受某項服務時，你一定有過這樣的經驗：「這東西完全不知道做什麼用」，或者「這個東西好能打動人心喔」。這就是你感受到商品或服務的概念了。

「好的東西」是你和世界的互動。換句話說，這是你和一群有共同心願、想「讓世界更好」的人之間的對話，而這群人指的就是生活在世界上那些不計其數的使用者。從你的角度來看，「讓世界更好」是你和站在世界那一端的使用者的共同心願。我們的商品或服務是有概念的東西，這是我們的宣言，希望能夠傳達到那群人心裡，能夠打動消費者的心。

在無數經過設計的商品規格中，只有那個已經注入概念的「好東西」才能進入消費者的心裡。

從概念中編織出的無數樣式，才是商品或服務應有的規格。

15 勇者——概念的宿命

最後要說明在概念完成後，基於概念所開發的商品或服務上市後的一些小插曲。

經常有人說「商品完成後的追蹤和商品製造過程一樣重要」，我完全同意這個想法，但如果以概念的觀點來說，經常會發生一個象徵性的問題。

這個問題無論概念有多細密都無法避免……知道這個問題，或不知道這個問題將對概念工作的進行有很大影響，不容忽視。

關於這一點，我想以我個人的經驗來說明。

在Wii發售之後的某一天，我看了新聞才知道Wii在養老院也吹起了一股流行風潮。老人家們都很開心地玩起Wii Sport系列，其中還包括一些老年癡呆症的患者，夫妻彼此互相扶持，或是透過看護的幫忙，大家都玩得很開心。

這個情景遠遠地超乎我們當初在進行概念時所設定的目標。

我看到當時的情景時，有種前所未有的感動。

那是一種由衷的感動，一則開心自己能夠參加這次的創作過程且讓Wii成功上市，再則因為有了Wii世界變得不一樣，令我自己本身也變得幸福快樂。

但是，其實在此處有個陷阱，我在感動之餘突然發現我們更應該注意眼前的這一片景象完全超乎我們的想像。

超乎想像——沒錯，這就是問題。

也許你會認為「這哪有什麼問題，應該要開心啊！真是愛裝模作樣！」，但這的確是個大問題。

無論是使用者的瘋狂讚美或批評反對，這些反應全都在開發者的意料之外。不只是Wii，其它的商品也會出現同樣的情況，使用者的行為無限寬廣，也許是超乎想像的開心，也許是出乎意料的不受歡迎。

我曾經問過當時的同事及上司，每個人的回答都是：

「使用者的行為一定會超乎開發者的想像」。

而這絕不是超乎想像大賣這麼簡單而已，使用者「進行」的是開發者沒有想像的事。以Wii為例，例如：有人改造遙控器自己發明新的玩法，或是像養老院的例子，發生了很多我們想都沒想過的事。

接著就是問題了，**開發者對於這些超乎想像的使用者行為應該如何接受呢？**

將「未知的好」注入概念中所製作出來的產品或服務，卻意外地讓使用者自行加進了一些新的玩法。開發者想像著「這個遊戲應該這麼玩」時，看到超乎想像的使用者行動，一不小心就會得意忘形；但也有可能會想著「為什麼在執行概念工作時沒有想到呢？真是不甘心！」心情因而變得沮喪。又想哭，又想笑，又垂頭喪氣，又滿心歡喜……讓人不論是表情或內心，都不停地起伏。又興奮又混亂，結果就是搞得自己神智不清。

完成的概念越能掌握住要點，就越帶有「改變世界的力量」。其影響大到可以引導概念工作者進入混亂局面的最深處。

一夜之間，概念工作者擁有改變世界的力量將眾所皆知，而概念工作者將變得無法冷靜地觀察世界。

另一方面，如果推出的商品或服務沒有預想中大賣時也會引起同樣的問題，新商品的負面評價會在網路上流傳，但就算商品大賣了，使用者的玩法和我們事先想像的不一樣時，這個情形和成功時的情況相同，同樣會讓概念工作者陷入一片混亂之中。

在這樣混亂的漩渦裡，要保持頭腦冷靜究竟該怎麼做？

要保持冷靜只有一個方法，那就是要有一個明確的準則來避免這類情形。

因為那是避免混亂的方法，其實早就已經隱藏在概念之中了。

在本書的一開頭就說了「你」和「世界」處在丟球接球的互動循環之中，「你」

開發商品或服務往「世界」的方向丟去，這只是從你到世界的單程車票。

但光只有單程車票是行不通的。

從世界那端收到回應之後，如果你不確認「自己是否變幸福了」的話，創作等於沒有完成。

問題是**該如何定義「你是否變得更幸福」了呢？**這雖是透過概念工作定義的事，但人往往在創作的四個步驟結束之後忘了概念的目標，只沉醉在成功與失敗之中。

創作工作結束之後也要一直記住概念的宗旨，以概念為判斷準則，必須隨時注意從世界那端丟來的回應球。

例如，Wii的概念只要一直都是「擴大玩家人口」，我們應該觀察的不是「Wii的銷售量」，也不是「Wii幫公司賺了多少錢」，我們應該看的只有「Wii讓玩家人口增加了多少？」這一項而已。

混亂會引起不安的情緒，而不安的情緒又會讓人想依賴已知的好。如果我們禁不起惡魔的誘惑，一不小心我們就會把概念的宗旨忘得一乾二淨，目光又會轉向銷售額、利潤、股價等已知的好上面。所以千萬不能被誘惑。

例如，二〇〇二年三月在全球 Wii 的銷售量超過九千五百萬台，刷新了遊戲機史上的銷售紀錄，任天堂的股票市價總額成長兩倍，當時在日本任天堂躍升為日本第二大企業，僅次於豐田汽車。這些都是事實，但身為概念工作者滿心歡喜地追求這些數字也許就是個問題。

我們究竟是為了什麼而思考概念的呢？

我想應該是為了**實現「未知的好」並改變世界**。

因此，不論是全球為之狂熱的好消息，或是不為世界所接受的遺憾消息，這些都只是**次要的結果**，都不是我們應該觀察的目標。

那麼，若要以概念為準則來收集資訊，具體上該怎麼做呢？

任天堂的網頁上，在對外公開的資訊中多次揭示任天堂「擴大玩家人口」之概念的幾個指標，告訴我們如何正確接收從世界那端拋回來的回應球。

例如，有個指標是「平均一戶的使用人數」。

營利事業通常會以銷售額或利潤的高低來判斷成功與否，但任天堂除了以金錢衡量的方法之外還以使用者人數的增減為判斷準則，而且不只是統計玩遊戲的人數，還看「平均一戶」的玩家人口。

從這個指標可以看出「當多賣一台Wii遊戲機時，同一戶口內會增加幾個玩家人口」。

這個數字和銷售額並沒有直接關係。這個數字顯示即使只賣掉一台Wii，但這一台Wii如果是安裝在大家庭裡大家一起玩，數字就會變大；相反地，就算Wii的銷售業績很好，但買的如果都是單身男女，數字就會變小。有時候越賣反而數字越小，這對營利事業而言絕不是一個好的指標。

事實上，Wii呈現出來的數字很驚人。

二〇〇七年在日本，Wii的「平均一戶使用人數」是三・五人。也就是說，一台遊戲機平均是三・五人的家庭一起玩。

二〇〇五年在日本平均一戶家庭的人口（平均一個家庭裡住著幾個人）是二・五五人，而這個數字遠遠不及Wii的一戶使用人數，這個表示Wii已經完全融入了家庭。

這數字同時也意謂著不只是原有的遊戲玩家，Wii已經跨越了年齡、性別、遊戲經驗的有無，讓所有家人都一起開心地玩遊戲。這數字一百八十度地顛覆了過往的玩家形象，也證明**Wii已經完全改變世界**。

此外，另一個判斷指標是「安裝在客廳的比例」。

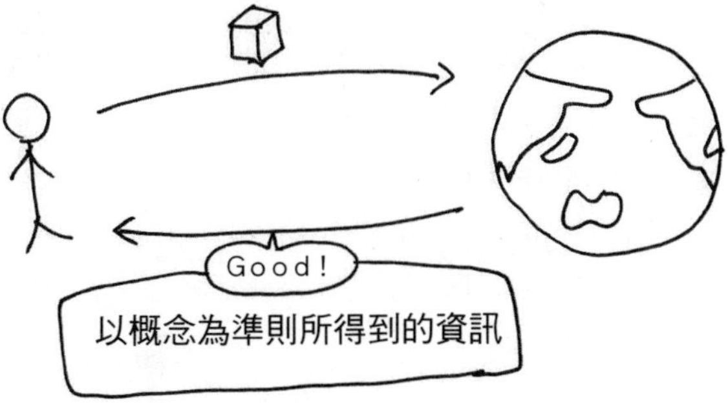

這是針對 Wii 的安裝地點所做的調查數字，其中除了安裝在個人寢室的數字，也將安裝在客廳的比率數字化。一般企業也許會認，為只要產品賣得好，安裝在哪都無所謂；但為了證實概念是否成功，無論如何都要需要這個指標。

「安裝在客廳的比率」究竟有多高呢？二〇〇七年的比率是八三％。

當然在 Wii 的說明書上並沒有寫著「請安裝在客廳」，但卻有八成以上的使用者自主性地將 Wii 放在客廳。

然而，任天堂為什麼要調查這個數字呢？

負責開發工作的我並沒有行銷部門的決策權，但原因其實很簡單。

那一定是公司本身也想要感受市場的真實反應，想要知道自己拚了命開發的新世代遊戲機 Wii 在遊戲的玩法上引起了什麼樣的革命性變化。自己訂定的概念（使世界變得更好的方法）真的對世界帶來影響了嗎？在直接查明真相後，我們可以得到暫時性的冷靜。若想要從銷售額、股價等變化無常的混亂數字中脫困，去了解自己和世界之間的對話在實質上帶來了什麼樣的影響，這是最具效果的指標。

概念不該只是在創作的起點發揮作用，在創作結束後也能變成觀察世界的指標。

在確認過世界已經變得更好，而結果也和我們訂定的概念一致之後，冒險旅程第一幕總算能夠閉幕了。

在第一幕閉幕的瞬間，概念也會跟著死亡。嚴格上來說，你產生的概念必須由你自己親手扼殺。

突然用了「扼殺」這麼一個令人驚愕的字眼……我們就用蘋果公司開發的iPhone 來說明扼殺概念的意義。請想像一下我們必須解決以下問題：

問題：企畫一個超越 iPhone 的行動電話。

你也許會在心裡嘀咕著：「怎麼是這麼難的問題啊？」但想想已故的賈伯斯（Steve Jobs）經常將這問題掛在嘴邊，就表示這問題的設定並不奇怪。反倒是讀者們該思考這個問題要怎麼解。

二〇一一年十月五日，賈伯斯在正值壯年的五十六歲辭世前，接二連三地推出iPod、MacBookAir、iPhone、iPad等「改變世界」的產品，這股狂熱不斷席捲全世界，他的氣勢用「恐怖」來形容也不為過。

賈伯斯如果還在世，一定會再思考更嶄新的東西，然後他一定會毫無疑惑地告訴我們：「開發超越iPhone 4的智慧型手機並不難。」

買了iPhone，也觀察iPhone流行的現象，就連身為iPhone使用者的我們在面對「企畫超越iPhone行動電話」這問題時也會害怕，會覺得這根本是不可能的任務。但賈伯斯卻在無數讚美、批評和壓力中，毫不畏懼地說：「我們做得到。」

我們到現在都認為iPhone的概念實在太厲害、太完美了，想買都買不到；而賈伯斯卻認為「還不夠、還要再改，那是過氣的東西」。

換句話說，如果賈伯斯也和我們一樣認為過氣的iPhone概念「很厲害、很完美」，那不難想像未來的iPhone一定是枯燥乏味的。

無論結果成功或失敗，**超越過氣的概念**才是概念工作者應有的態度。

扼殺概念指的就是賈伯斯的態度。概念工作者不該老是停留在過去，繼續找尋未知的好，才是真正的勇者。

當你知道完成的概念在市場上獲得成功之後，八九不離十，你一定會開始變得很有自信，變得很開心，認為「我是對的」，甚至會覺得幸福洋溢。正因為那是一個會讓你感到幸福的概念，你不想放開那個概念也是極為理所當然的事。

但換個角度想，使用者們為了一個產品瘋狂，而這個瘋狂的程度越變越大之後，那表示**由概念做出來的「未知的好」很快地就會變成「已知的好」**。

你撥開未知迷霧所發現的土地雖然還很荒涼，但相信很快地就有許多人開始入住。

使用者們越是欣喜若狂，那表示能夠享受「未知的好」這片舒適大地的期間越短。另一方面，商品或服務在上市之後，如果結果未達成功準則所設定的數字，那表示原來的概念有問題，需要重新思考。

總之，不論概念成功了或是失敗了，最後都必須刻意扼殺它。

接著冒險之旅再往第二幕前進，再次**展開一場撥雲見日、開闢大地，尋求另一個未知的好的旅程**。

在中場休息過後，再次站上冒險的舞台展開一場新的探險旅程似乎是勇者的宿命。因為由勇者開闢的這片大地很快地就會變成「已知的好」了。

成功地開發暢銷商品之後，心情當然是無比開心，但若一直沉溺在那樣的成就，隨著時間快速地變遷，商品也很快地就會跟著沒落。這是任何商品或服務都躲不掉的宿命，唯一的方法就是持續思考新的概念，不停地追求新的「未知的好」。

事實上在商品暢銷後，就像理所當然一般，在創作現場也許會出現「用同樣的概念再做一個新的吧！」的想法。但身為概念工作者且身為勇者的你，必須堅守立場，拒絕這樣的做法。

概念結合所有計畫之後，使用者很快就會了解產品，概念也很快就會沒落，很快就會轉換為「已知的好」。

無論如何，概念在產生的那一瞬間，就決定了終將死亡的命運。

本書的內容也要接近尾聲了，當你讀到這裡時，也許會想馬上開始你的概念工作。你的心、難掩的興奮之情，一定會反映在概念上。

假若你的概念工作完成了，最後還有一點必須確認：

「這個概念真的可以作為成功的準則嗎？」

商品或服務在上市後，希望大家捫心自問：「這個概念真的可以作為證明產品好壞的成功準則嗎？」以Wii的情況來說，就是「家庭內的玩家人口」和「在客廳的安裝率」兩個指標。「好的東西」在問世後所刮起的暴風雨一定會守護你，即使那個指標和利益並沒有直接關連，但只要能掌握「概念是否傳達到全世界？」，那麼下次挑戰未知的迷霧時，一定會有幫助。

假如在你的內心深處，有一絲絲的想法是「只要賣得好，只要公司賺大錢，什麼概念都可以」，我想以此概念來開發的商品或服務，終將以失敗收場。但如果你想的是**「這個概念如果實現了，世界一定會比現在更好，我和夥伴們也會更幸福快樂，我一定要完成它」**，這樣的概念做出來的商品或服務，將會離成功越來越近。

我由衷希望所有讀者在和世界對話後，從此決心只相信一個概念。

但事實很殘酷，在你那麼相信一個概念之後，又必須要有看破概念終將死亡的勇氣。撥開未知的迷霧後，響起眾多喝采之聲的大地似乎不是你該停留的場所；在開山闢地後，地平線的另一端又漸漸湧起未知的新迷霧。

幾年前，賈伯斯對大學畢業生演講時說了「求知若渴，虛心若愚」（Stay Hungry, Stay Foolish）這句話。

這句話是賈伯斯在他最喜愛的《全球概覽》（*Whole Earth Catalog*）雜誌封底看到的，和一張清新早晨、曙光畢露的鄉村街道的照片並列。對於這鄉村街道的風景，賈伯斯說，那就像是「探險家搭便車旅行的風景」。

再沒有比這樣的風景和這句話更適合概念工作者的了。正因為你現在所處之地晴空萬里，就連一朵雲都看不見，你更該去尋找未知的迷霧。不停地前進，不斷地讓世界變得更好，正是概念工作者的宿命。

出發吧！真正的探險旅程就要從這裡開始了。

這次輪到你當那個勇者了。

結語

感謝你認真地看完本書，或許你只看完目錄和前言後就直接跳到這部分，無論如何都要謝謝你。不論你想從本書學到什麼，我都感到榮幸之至。如果你是拿起這本書就直接翻這一頁的人，或許你早已明白本書「改變」章節的內容。

在這本書的結語，我要說一些有關我私人的事情。

我個人認為，思考概念的過程就好比向世界第一美女告白一樣，要她跟我交往也許連萬分之一的機會都沒有，但我還是說出口了；就算心情七上八下，我還是想說出口。世界第一的美女和平淡無奇的我交往，怎麼想都不適合也不客觀，但心中的那個我無論如何就是想說出來。這樣的情感，就好像「我的概念會不會讓世界因此變得更好呢？」那般異想天開的想法一樣。

對我而言，愛的告白的對象是奶奶。因為能不能讓奶奶開心玩遊戲，攸關著我會不會幸福快樂。嚴格說來，任天堂的概念「擴大玩家人口」直接關係到我錯綜複雜的情緒。

從小奶奶就照顧我，對我總是百般寵愛，寫功課寫到三更半夜她也會陪我，奶奶的笑臉總像是在告訴我，天塌下來也有她在，而我只能用工作上的成績來回報她。

奶奶那麼辛苦地栽培我讓我升學，我卻沒有按照她的心願去當公務員或銀行行員，反而做的是開發遊戲這麼不切實際的事。雖然我自己一點也不認為遊戲不切實際，但若以世俗的眼光來判斷，我沒去當公務員或銀行員讓奶奶安心，是件很要不得的事，這也在我複雜的心裡留下了很大的傷痕。

現代人對遊戲已大大地改觀，但在當時，和電影、音樂和文學之類的休閒活動相比，遊戲根本得不到社會的認同。每當打擊遊戲的風潮又開始時，我心裡的傷又會開始隱隱作痛。因此我決定，我一定要開發一個熱門的遊戲商品，我一定要對公司有貢獻。包括我的奶奶，我要開發一個無關年齡、無關性別、無關玩遊戲的經驗，任何人都能玩得開心，能擴大玩家人口的遊戲。這是我的心願。

概念中的概念「讓世界變得更好」，是為了實現在創作四步驟中「活在當下的你」一直在追求的「幸福快樂」的方法。

在概念的最深處，必須要有一個誰都進不去的「私人空間」。只有概念的實現和你的幸福快樂重疊時才會變成一盞燈，在創作的不安旅程中照亮你的腳步。

在概念工作的最初，「活在當下的你」坦率地說出願景，這可說是為了製造你和概念重疊的私人空間的開始。

從你口中說出的惡言和願景經過組合和排列後，自然產生的故事就變成了概念，因此概念是你的幸福回憶，是你的經驗累積。刻意用這個順序來思考概念，最大的理由是要把你和概念緊緊地綁在一起，就好像用繩子勒住腰一樣，甚至是為了讓你喜歡上概念。

我要再回到私人的話題。

在Wii發售的二〇〇六年年底，我買了Wii回到老家青森縣八戶市，在表兄弟姐妹最常聚在一起的客廳電視上安裝Wii遊戲機，之後大家一起開心地玩起Wii Sport。雖然奶奶沒辦法玩，但她也開心地看著大家，奶奶的視線一直看著表哥一家人。從來對遊戲不感興趣但擅長體育的帥氣表哥也愛上了保齡球遊戲，手上拿著Wii遙控器揮來揮去。

小孩子們越玩越起勁，在擊掌換手時不小心戳到表哥的眼睛，他在罵那群高興過頭的小孩時差點就揮了拳頭。而這個畫面的正中間正好就是Wii。

看到這畫面我的眼淚差點掉下來，從小我就沒有什麼運動細胞、懦弱膽小，也不擅長任何體育項目，回到老家真能和朋友們玩得起來嗎？我的情緒其實很複雜。

我的自信漸漸消失，高中就離開家鄉，我的想法能打動家鄉的老朋友嗎？但Wii根本不理會我心中的不安，反而讓大家越玩越開心。

當我發現時，盤據在我心頭那個對鄉下的複雜情緒早就消失不見了。

有了那次經驗後，不知不覺間我的個性也跟著改變……正確來說應該是「多了一種個性」。Wii推出前我感受不到的事物，在Wii推出後我都感受到了。

・美麗的花花草草和植物，我感受到了。
・可愛的貓貓狗狗和動物，我也感受到了。
・好喝的日本酒，也知道好喝在哪了。

這些沒有道理的變化在我身上發生了。

改變這些奇妙現象的原因我想應該是，好幾次覺得自己已經潛到概念工作的最深處，在實現「未知的好」的掙扎過程中奮戰的不是他人，而是我自己。

請容我說明關於那個在概念工作中不停奮戰的「我」。那個「我」曾經詛咒某些技術不夠、勞力不足以製造高操作性能機器的公司。

自從家用電腦被發明後，一直玩電腦遊戲的宅男「我」也曾經很憤慨為什麼要改變遊戲手把；甚至曾偷偷想過遊戲機名稱，並不是Wii不好記，而是在前一代遊戲機「Game Cube」上直接加個「2」，不就是個方便又好記的名稱嗎？

還曾經認真想過，我們的概念「擴大玩家人口」聽起來雖然很了不起，但重點應該是我本身能不能按時回家玩遊戲才對吧！然後，最重要的擴大玩家人口方針，就是要帶領至今都不玩遊戲的人進入遊戲的世界，那些人都沒有遊戲的常識，必須從遊戲的基礎開始教起，如果碰到一點點困難他們可能就生氣不玩了。

新的使用者們曾有段時期看起來就像被綁手綁腳一樣，無法順利操作。換句話說，當時的我看那些不玩遊戲的人就很想說「好不容易有遊戲這種令人快樂的東西，試都不試一下的人真是笨蛋」。在我心裡還會暗自想著「不管家務或工作有多忙，總會有一些時間可以玩遊戲吧」。我為什麼要把那群壓根不想玩遊戲、頑固、笨手笨腳的人放在心上，還非得去想像他們不可呢？

那是當時最真實的自己。那樣的想法和個性才是佔據我心裡那個黑影的真實面貌，我現在才知道那並不是潛到概念的最深處的那個我所要挑戰的對象。喜歡遊戲，希望讓奶奶和所有人都開心玩遊戲的「我」，以及忘了遊戲業界，忘了其他用戶和其他公司，變得以自我為中心的「我的影子」，這兩個「我」似乎在內心深處對話，試著找尋概念和自己的接點。

和影子對話、我也說服我和自己對話，聽來也許會讓人覺得匪夷所思。但結果就是連我都沒發現自己漸漸在改變，到現在，我甚至分不清楚我和我的影子，哪個才是真正的我？現在我能感覺到的，只有這個概念工作改變了我而已。

因此，我想到了一個假說：想要改變世界的概念工作者，在改變世界的同時，同等量的改變也會回到自己身上。

觀察概念工作前後的自己有什麼改變，你就會明白概念工作的意義——聽起來或許有些草率，但這樣的感覺確實在我的心裡存在。如果你透過概念工作感受到自己本身正在改變，那你執行的一定是很有價值的概念。

在第八章已介紹了創作的四個精神，其中「執行概念工作的你」掌管的是「改變」的精神。從這些不可思議的經驗中，我們可以說「改變」並非偶然，而是執行概念工作的人身上會發生的必然現象。

概念連結了「你」和「世界」。

當你想「改變世界」時，概念也會以同等量的變化加諸在「你」身上。

假設你用概念創造「好的東西」且送到全世界時，接受商品或服務的使用者也許不知道是你讓世界變得更好的，但這也是件好事。

對於改變世界的勇者，世界也會直接以「改變勇者的心」來回報。

這樣的說法也許太浪漫了，但至少我是這麼認為。完成一個改變世界的概念後，你能得到的最高報酬就是你自己都察覺不到的改變。

想要實現「未知的好」，你必須要有自己會變成「未知的我」的覺悟。

你會因為概念有什麼改變呢？明知也許會變成一個未知的自己，仍抵抗不安的心情向前衝，這才是身為勇者的驕傲。

最後要感謝所有幫助我的人，首先要感謝任天堂株式會社的所有員工，現在他們都算是我的至親，是他們讓我有機會在那裡得到許多寶貴的經驗；其次我要感謝鑽石出版社的和田史子主編，她讓我有機會寫這本書，當我寫不出來時她總是會在企畫書上寫幾句鼓勵我的話；接著我還要感謝ＢＩＢＩ工作室的乙丸益伸先生和武部廣一先生，他們不僅是促成此書出版的大功臣，也是多次轉換方向時商量的好夥伴；此外要感謝《我和一百本成功書》書評部落格的聖幸先生，他總是當我的第一號讀者，接收我所有不負責任且非計畫性的願景。

最後，真的是最後了，我要對奶奶致上最大的謝意。

玉樹真一郎

UP叢書0160

立貼拼出大創意：全球三億人肯定！世界級電玩職人的獨門創意整理術

コンセプトのつくりかた－「つくる」を考える方法

作　者—玉樹真一郎
譯　者—連宜萍
主　編—陳盈華
編　輯—江蕙馨
美術設計—蔡南昇
執行企劃—楊齡媛
董事長
發行人—孫思照
總經理—趙政岷
總編輯—余宜芳
副總編輯—丘美珍
出版者—時報文化出版企業股份有限公司
10803臺北市和平西路三段二四〇號三樓
發行專線—（〇二）二三〇六六八四二
讀者服務專線—〇八〇〇二三一七〇五・（〇二）二三〇四七一〇三
讀者服務傳真—（〇二）二三〇四六八五八
郵撥—一九三四四七二四時報文化出版公司
信箱—台北郵政七九～九九信箱
時報悅讀網—http://www.readingtimes.com.tw
法律顧問—理律法律事務所　陳長文律師、李念祖律師
印　刷—凌晨印刷有限公司
初版一刷—二〇一四年四月十八日
定　價—新台幣三〇〇元
⊙行政院新聞局局版北市業字第八〇號

國家圖書館出版品預行編目（CIP）資料

立貼拼出大創意：全球三億人肯定！世界級電玩職人的獨門創意整理術 / 玉樹真一郎著；連宜萍譯.
-- 初版. -- 臺北市：時報文化, 2014.4
面；　公分（UP叢書；160）
譯自：コンセプトのつくりかた－「つくる」を考える方法
ISBN 978-957-13-5933-5（平裝）

1.商品學 2.創意

496.1　　　103004853

ISBN 978-957-13-5933-5
Printed in Taiwan